山东建筑大学博物馆系列文化丛书

主编　王崇杰

建筑平移

——建筑平移技术展馆

贾留东　李红超　编著

山东人民出版社

国家一级出版社　全国百佳图书出版单位

山东建筑大学博物馆系列文化丛书
编委会名单

主　　任：王崇杰　靳奉祥

副 主 任：韩　锋　刘　甦

编委成员：（按姓氏笔画排序）

王崇杰　刘运动　刘　甦　宋守君　李红超

杨　赟　张　鑫　徐少芳　贾留东　韩　锋

靳奉祥

总　序

　　"大学之道，在明明德，在亲民，在止于至善。"大学，无论溯源至中国古代的"太学"，还是寻根至欧洲中世纪的"神学院"，从其诞生伊始，即伴随着历史的脉络承继而成为文化的渊薮与高原所在。

　　一所有内涵有抱负的大学，应有其自觉的文化担当、自信的文化包容和自强的文化辐射，这种自觉、自信和自强，见之于历久弥新的精神传承，显见于古朴的古树老屋，当然，也可能撒播于校园课堂间的高者阔论。这些，众多大学有之，而有着历史厚重感的老校、名校更蔚为壮观。

　　芬兰建筑师埃利尔·沙里宁说："让我看看你的建筑，就能说出这个城市在文化上追求什么。"走进一所大学，洞察建筑，从中亦可望其抱负和内涵。山东建筑大学岁有甲子，新校启用虽壹秩有余，但移步于校园中，"新老"建筑交相辉映，相得益彰，文化气息扑面而来。沿校园雪山东麓看去，有百年老别墅、德式老房子、全木质流水别墅、胶东原生态民居海草房、泰山地区传统民居"岱岳一居"、铁路文化园等。每一栋古建筑都是一处"活着的博物馆"，基于学科及文化内涵，这些老房子已相继开辟为"建筑平移技术展馆""地图地契展馆""木结构展馆""山东民居展馆""山东乡情展馆""铁路建筑展馆"等，成为建大风景线上一条串缀而成的项链。这一系列博物馆，实现了文化实体与育人载体的最大结合，是建大人着力推进全方位育人的心力之作。目前，山东建筑大学系列博物馆已列入山东省博物馆规划。

　　博物馆群中的老建筑从历史中走来，新建筑则向历史走去。传播文化，留住记忆，是建大人的职责，也是建大人的情怀，这也是我们编写这套丛书的目的所在。

山东建筑大学博物馆系列文化丛书编委会

2015 年 10 月

老建筑抒怀

如跂斯翼，如矢斯棘，如鸟斯革，如翚斯飞，君子攸跻。一座建筑的过去，我们可以用书籍来记录，用照片来保存，甚至用影像来佐证，可是如果失去了它完整的面目，残存的建筑也只能称作"遗址"。对历史建筑的保护，一般来讲，下策是图像留存，中策是异地重建，上策是原址保护。随着城市化进程的不断加快，如何保护即将湮没于城市开发浪潮中的老建筑，既是一个全新的技术难题，更是一个基于历史责任的现实问题。

说起老别墅，与其说是我们发现了老别墅，不如说是老别墅在等我们。原址位于济南市经八纬一路的老别墅，建于 20 世纪 30 年代，是一栋德式民用建筑，是济南市近代优秀的民居建筑之一。2008 年 6 月，老别墅所在的区域进行拆迁改造，这座有 70 余年历史的老别墅也面临着被拆除的命运。山东建筑大学艺术学院的姜波副教授了解到这个消息后，第一时间告诉了我。我与学校土木工程学院的张鑫教授沟通后，一致认为应该想办法通过一定技术手段把这栋承载着厚重历史的老别墅留存下来。这一动议，也得到了学校的高度重视和济南市各级领导的大力支持。

结合学校在建筑平移方面的雄厚技术力量，学校提出要远距离平移老别墅，让它迁居到 28 千米外的山东建筑大学。应当说，老别墅平移的过程中，遇到的困难远比预案中估计的多。我想，这一天铭刻在很多济南市民的脑海中……2009 年 3 月 1 日晚，重达 200 吨的老别墅周遭被捆扎结实，128 个轮子的大型拖车像轮椅一般承载着它的整个身躯，经过 14 个小时长途跋涉 28 千米，终于在山东建筑大学新校安家了！泉城市民、各界媒体都竖起大拇指，为山东建筑大学的这一义举点赞！

老别墅从发现到成功迁移，不过半年多的时间。而如何充分利用好这座老别墅，如何让这座老别墅发挥更大的作用，当时成为摆在学校面前的一项课题。几经学校领导、专家的研究，决定将老别墅作为博物馆，建成我国第一座建筑平移技术展馆，向广大师生乃至社会各界普及建筑平移知识。

谈起将老别墅辟建为建筑平移技术展馆，作为建筑院校的领导和老师，我们有着更为深刻的体会和认识。建筑作为人类生存发展的必要元素之一，见证了文明的变迁融合，记录了一代代人的成长历程，承载了一段段历史的沧桑记忆。古人天为盖地为庐，直到建筑的出现使得人类从真正意义上挣脱大自然的束缚，建立起顺应自然又独属于自己的文明。随着文明的进步，建筑也逐渐成为一种艺术，古代东方、西方的建筑风格迥异。直到近代，像老别墅所体现出的西方建筑形式与东方建筑形式的融合，映射出近代中国建筑文化多元化发展的历程。它是建筑师们心血的凝聚，更是古老智慧的体现和延续。建筑是凝固的艺术。但是旧城改造中，伴随着隆隆的推土机声，倒掉的是城市的记忆，湮没的是厚重的文化。老别墅的迁移，不仅仅是出于对建筑遗迹的保护，更是对历史文化的尊重与传承，这是使命感与责任感的体现。老别墅平移的过程虽然艰辛曲折，但是我们有能力也有技术保障，更有责任和义务去保护老别墅。老别墅的留存也彰显着泉城人对历史的珍视，对文化的珍惜。老别墅平移到新校园里，成为一道亮丽的景观，丰富了校园的文化底蕴，传承了建筑的文物价值，成为学生学习建筑设计的范本。老别墅的平移工程无疑是一项创举，而探究这项工程进行的每一个环节，更让我们感受到这项工程的不凡，28千米，每一米都凝聚着建大工程师的心血，彰显着建大人的自豪！

老别墅安家建大，辟建展馆，实现了建筑遗产保护与教育资源开发的双重价值，此举可谓功在当代泽被后人。由此，我们要向张鑫教授、姜波副教授，以及广大关心和支持老别墅平移的专家学者、技术人员致敬！

值《建筑平移》一书出版之际，感怀颇深，是为序！

山东建筑大学党委书记 王崇杰

2016 年 10 月

目录

LAO BIE SHU DE
CHONG SHENG

老别墅的重生

题记：

身居市区近百年，沧桑巨变阅心间。牛年长出双飞翼，落到雪山续新篇。

老别墅全景图

1. 闹市深处的老别墅

走进山东建筑大学，通往博文楼与外文楼的宽阔道路上，最抢人眼球的，无疑是坐落在道路西侧的老别墅。他饱经沧桑，让人肃然起敬，走过时，人们心中都会充满对古老建筑的浓浓深情。老别墅迁至山东建筑大学后，建成建筑平移技术展馆。该展馆的建成，丰富了学校的文化底蕴，也保留了自身的文物价值。老别墅的迁移，让每一个建大学子都感受到建筑师所付出的努力与热情，更激起了师生对建筑的兴趣与热爱。老别墅的一砖一瓦、一厘一毫，无不彰显这所以建筑为特色的高等院校对历史文化建筑的尊重与传承。

2008年，老别墅被列入济南市市中区历史保护建筑。它不仅是济南优秀的近代民居建筑，也是中国近代建筑晚期（1938～1949年）具有极高研究价值的住宅建筑，对研究济南近代城市的变迁和近代建筑的发展轨迹都有标志性作用。

老别墅建于20世纪30年代，原址位于济南市经八纬一路。至今，老别墅已有70多年的历史，它的原主人是民国时一位在德国注册的建筑师。

2008年6月，经八纬一路片区进行拆迁改造，位于片区内的老别墅面临着被拆除的命运。幸运的是，山东建筑大学齐鲁建筑文化研究中心的姜波副教授和他的学生们在老城区调研时，及时发现了这座危在旦夕的老别墅，姜波副教授当即报告了市中区政府，在时任济南市市中区区委副书记王铁志同志的大力支持下，老别墅被暂时保护了下来。姜波副教授又及时与我校土木工程学院的张鑫教授联系，并报告给学校，得到了学校领导的高度重视。拆迁之前，姜波副教授与学生们对老别墅的建造背景、历史年代、建筑风格、细部特色等做了缜密的调研，认定其近代建筑历史的价值，并组织学生进行了详细测绘，最后与张鑫教授协商决定由拆迁搬移换成拖移的方法，整体平移至山东建筑大学新校区。由此，老别墅的最后一口气，就这样被保留下来了。

2009年3月1日晚，这栋长15米、宽9米左右的老别墅经过加固后，通过大型液压平板车从原址开始整体平移，次日，这个重200吨的建筑，历时14小时，行程28千米，被整体迁移到了位于市区东部的山东建筑大学新校区。这也创下了国内建筑最远距离的整体迁移纪录。

2. 老别墅迁移的价值

老别墅迁移时，许多媒体、市民甚至包括建大学生反问，花费这么大力气，运一座"破房子"，值吗？在人们的议论中，山东建筑大学时任校长王崇杰说道："建筑是凝固的艺术，旧城改造中，有时伴随着隆隆的推土机声，拆掉的是城市的记忆，湮没的是厚重的文化。"老别墅的迁移，不仅仅出于对建筑遗迹的保护，更是对历史文化的尊重与传承，这是一份使命感与责任感的体现。对建大人来讲，老别墅是教书育人的实体，为了传递厚重的历史文化底蕴，为了建筑文化的继承，山东建筑大学有能力、有技术保障也有责任和义务去保护、平移老别墅。虽然，在平移保护过程中，加固、运输等环节都需要经费，甚至很可能远远大于房子本身的建造价值，但是，"运楼"的价值和保护古建筑的意义已经远远超过了其建筑价值本身，因为这不仅提供了保护古建筑的有效途径，也唤起了社会对保护古建筑的关注。"运楼"经费全部由山东建大工程鉴定加固研究院承担。

(1) 老别墅的艺术价值

就老别墅自身而言，其建造技术本身具有很大的艺术价值。老别墅的屋顶共有18个面，而且每个面的大小都不一样，每个屋顶的中央处都有一条正脊和四条垂脊。这种屋顶造型的最大特点是比较简单、朴素，只有前后两面坡，而且屋顶在山墙墙头处与山墙临近，只有略微的伸出部分，山面裸露没有变化。老别墅使用的是红瓦，并且为板瓦。红瓦一般指用黏土烧制的暗红色瓦，主要用于铺盖屋顶、屋脊，用作瓦当。红瓦给人以素雅、沉稳、古朴、宁静的美感，当代仿古建筑上用得比较多。

屋顶是建筑上最实际、最必需的部分，中国自古就不惮繁难地使之尽善尽美。

老别墅的屋顶既切合于实际要求，又极具艺术造诣。其飞檐扩展出的部分恰到好处，若檐深低则阻碍光线，且雨水顺势急流，檐下溅水问题便会发生，而老别墅的飞檐用双层瓦椽，使檐沿稍翻上去，略微形成曲线，四角翘起，避免了雨水飞溅，结构美观又合理。

屋顶之下的阁楼，也是一个别具新意的地方。阁楼内横叉相交的圆木与木屋架构成了一个空间体系，使得屋盖结构在满足安全要求的前提下具有足够的空间稳定性。这种结构，可以使老别墅在面对济南酷暑严寒、多雨大雪的条件下，满足生活和生产的功能要求。由于老别墅房屋的墙壁不负荷载重量，它的门窗设置便有了极大的灵活性。阁楼与室内一层通过木梯相连，木梯单层布置，不仅节省空间，而且耐用方便。阁楼空间较为狭小，但是对于一户普通的家庭搁置一些不常用的物品，还是绰绰有余的。

老别墅门前的柱子，是典型的陶立克式廊柱。这是一种没有柱础的圆柱，形态简洁，通常其柱高是直径的6倍，直接置于门正前方的石阶座上。廊柱的整体由一系列鼓形石料一个挨一个垒起来，给人一种粗壮宏伟的感觉。廊柱的设计最出名的莫过于西方古希腊时代的神庙文化。

地下室的设计，在当时还是很新潮的，完全按照西式思路设计，既能够存储暂时不用的物品，夏季又是很不错的避暑纳凉之处。两个地下室都设有地下窗户，窗户对外高于地平面并且设有窗栏，以防止雨水渗入，同时又保证了地下室的采光与通风。

中国建筑的一个重要特征是其平面布置上本着均衡对称的原则，即左右均分布置，这种分配并不是由于结构，主要起因于原始的宗教思想和形式、社会组织、人们的习俗，后来又因为喜欢守旧仿古，多承袭传统的惯例，使得均衡相称的原则成为中国建筑特有的一个固执"嗜好"。而老别墅的整体平面布置打破了这个固执"嗜好"，呈现出了欧式建筑布局的样貌。其主厅凹于旁边房间，通过一条连廊相通，这种凹凸布置的房间更加保证了屋内日光的照射，体现了一种欧式民居自然淳朴的美，而且独特的连廊构造是民居建筑中少有的布局，连廊的布置使得偌小的房间更加别有洞天，独具西式民居构造的精巧神秘之美，更给人一种精致生活、雅居情志的感觉。

（2）老别墅的育人意义

山东建筑大学用保护历史文化和建筑遗产方面的实际行动，构建了省内独具特色的"博物馆"式文化景观，这些各具特色的博物馆是教学的活教材，教育学生尊重历史、传承文化。

如今，走进山东建筑大学，除可以看到迁移来的民国老别墅，还可以看到独具胶东特色的原生态民居海草房，可以看到众多老济南人记忆中的"中国电影院"前门楼，可以看到洗尽铅华、浴火重生的"凤凰公馆"，还有承载自然和谐哲学思想的全木质别墅"雪山书苑"……芬兰建筑师埃利尔·沙里宁说："让我看看你的建筑，就能说出这个城市在文化上追求什么。"走进一所大学，洞察建筑，从中亦可望其抱负和内涵。每一栋古建筑都是一处"活着的博物馆"，饱含着深厚的文化底蕴。这些老建筑透过历史、穿越时空，诉说着建筑的历史和美。当然，学校对于文化的坚守和传承还不止于此。近年来，山东建筑大学积极传承海纳百川、学术民主、百家争鸣、百花齐放的办学理念，推进诸子先贤进校园活动，先秦时期的孔子、孟子、墨子、颜子、曾子、鲁班、毛遂等先贤雕像和梁思成等学术名家的雕像落户校园。名人雕像的诚朴厚重与仁山智水的建大校园相得益彰，营造了浓郁的育人氛围。

作为国内首家建筑平移技术展馆，老别墅在校园里成为一道亮丽的景观，丰富了校园的文化底蕴，传承了建筑的文物价值，成为学生学习中西结合建筑设计的范本。老别墅的平移工程无疑是一项创举，而探究这项工程进行的每一个环节，更让我们感受到这项工程的不凡!

3. 重生之路的坎坷

老别墅究竟是如何从 28 千米之外的原址被完好无损地平移到山东建筑大学的?其具体过程鲜为人知，我们幸运地找到了当时珍贵的新闻资料以还原迁移现场，领略一下这项工程的不凡之处。

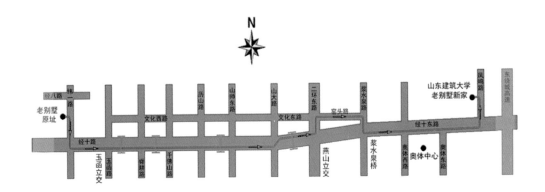

老别墅平移路线图

（1）顶着严寒启程

2009年3月1日晚9时，尽管天气十分寒冷，但在位于济南市经八纬一路拆迁片区的老别墅搬迁场地，围满了前来观看老别墅搬家的老街坊和路人。老别墅周遭被捆扎结实，128个轮子的大型拖车像轮椅一般承载着老别墅的整个身躯，整装待发。

"老别墅开始挪动了！"21时38分，伴随着机器的轰鸣声，拖车载着重达200吨的老别墅开始挪动。由于拆迁片区内预先平整好的大约200米临时出入道路并没有硬化，在场的人员大都为车上要经历颠簸的老建筑捏了一把汗。经过10多分钟的移动，老别墅行进了30米左右，在快到大门口处停了下来。

（2）踮起脚尖出门

22时55分，拖车再次启动，驮着老别墅要经过大门口拐到纬一路上。老别墅最宽处9米，而大门口宽度只有十几米，能否穿过大门口将是决定搬迁工作成败的一个重要环节。工程人员拉起了警戒线，维持现场秩序，围观的群众也纷纷为这个"庞然大物"让道。拖车的操作员手持有线遥控器小心翼翼地驾驶拖车，老房子像乌龟爬行一样，一寸一寸地挪移。

老别墅整装待发

时任山东建筑大学校长王崇杰教授
（右一）在迁移现场

张鑫教授（左一）、贾留东教授（右一）现场调度

(3) 快车道上迁徙

好在有惊无险。23 时 10 分，老别墅终于缓缓开出了拆迁片区，拐到了东侧纬一路快车道，拖车运载着老别墅正式上路了。拖车的前方有一辆警车开道，拖车后面还有一辆开启照明灯的卡车。23 时 33 分，老别墅拐到了经十路上，踏上宽阔的经十路，现场工作人员稍稍松了一口气。接下来还有 20 多千米的漫长路途，还要经过多座立交桥、过街天桥，每一关对老别墅搬迁都是一个挑战。

3 月 1 日晚 10 时，老别墅通过未硬化的路段

3 月 1 日晚 11 时，老别墅缓缓驶入纬一路

3 月 2 日凌晨，老别墅在经十路行进

（4）一次惊险逆行

3 月 2 日凌晨 4 点 40 分，在燕山立交桥西侧，一路步行走来的记者已经有些恍
惚。记者发出疑问："咦，运输车怎么开到了马路北侧？"记者一看，果然，运输
车在警车的引导下，来到了马路北侧的机动车道上，并停在这里加油。

记者一行快速超过运输车，向东继续行进，来到燕山立交桥下。一名民警告诉
记者，希望能帮忙阻拦住由东向西行驶的其他车辆。

在记者向一位司机解释请他绕道的原因时，一辆渣土车鸣响汽笛呼啸而来。坏
了，这么快的速度，撞车怎么办。就在记者惊疑不定的时候，开道警车发出了警告
声，记者眼看着那辆气势汹汹的渣土车顿时没了脾气，减速并避开了载着老别墅的
运输车。

直到凌晨 5 点 20 分，老别墅才经过了这处长达 1.5 千米的危险路段，并安全来
到了窑头路上。

(5) 拐弯遇到的问题

在这次长途迁移中，一共有大大小小9处拐弯。

从纬一路转到经十路后，运输车立即头朝东停了下来。工作人员迅速搬来梯子，从南侧爬上了老别墅的外墙。记者看到，这里有些用来支撑墙体的木棒有点松动。就在一名工作人员准备将一根木棒进行固定时，有两根本已固定好的木棒掉了下来，围观的人顿时发出阵阵惊呼声。又有3名工作人员赶来支援，这才将所有支撑用的木棒固定好。整个加固过程用了约20分钟。工作人员告诉记者，拐弯的时候可能车速快了点，导致支撑物松动。

第二次遇到危险的拐弯，是在逆行过程中由经十路转向二环东路的路口。由于道路不够宽敞，路边树木生长茂盛，枝干多次挡住了老别墅的去路，险些将一些固定物撞落。为了保证顺利前行，工作人员只得折断了部分挡路的枝干。

(6) 过街天桥处"撞头"

从纬一路到燕山立交桥之间的经十路路段上，一共有4座过街天桥。其中的3座过街天桥较高，在运输车调整高度后，老别墅都有惊无险地穿过了。

最难走的要数位于千佛山医院西侧的过街天桥了。在最初的计划中，工作人员准备绕行经十一路避开这座桥。行进中记者却发现，老别墅没有在历山路向南绕行经十一路，而是选择了直行。

工作人员告诉记者，经十一路上有大量较低的线缆，通行的难度一点不比在经十路上穿越过街天桥低。最终，他们在联系有关部门后，对经十路上那座过街天桥上的广告牌进行了处理。

3月2日凌晨2点40分，老别墅乘车来到此处过街天桥下。就在运输车降低高度穿越过街天桥时，记者看到，运输车前行的方向有些偏北，导致老别墅的顶部刚蹭到了桥东侧广告牌的底部。为了保护老别墅不受损伤，工作人员赶紧停车。倒车后，调整了运输车的方向，最终得以顺利通过。

3月2日凌晨2点40分，老别墅经过过街天桥

(7) 三过立交身重难上

要说老别墅这次搬家的遗憾，就是它虽然三次经过，却始终没能站到立交桥上一览泉城风光。有关负责人介绍，老别墅的重量和宽度导致它无法从经十路的任何一座立交桥上通过。

3月2日凌晨1点5分，老别墅在玉函立交桥下，老别墅通过时将桥下南侧的道路堵了个严严实实。从桥西头走到桥东头，老别墅用了35分钟左右。

早上4点40分，老别墅到达燕山立交桥，从该桥北侧转向窑头路后，从浆水泉路第三次经过了立交桥。至此，老别墅终于踏上了坦途，直到11点43分到达山东建筑大学，一路上再也没有遇到危险。

（选摘自高鲁健：《济南老别墅整体搬家20余公里　创下全国纪录》，《济南时报》2009年3月3日。）

3月2日凌晨2点，老别墅经过千佛山路

3月2日清晨，行进在宽阔的经十东路

3月2日上午，老别墅经过济南奥体中心

3月2日上午，老别墅即将到达新家

3月2日上午11时，老别墅驶进山东建筑大学校门

3月2日中午，时任校长王崇杰教授接受媒体采访

采用传统平移方式将老别墅平移至指定位置

老别墅平移就位

4. 老别墅迁移的反响

（1）社会各界的反响

在济南经八纬一路曾经矗立着一座安静的建筑，这是一幢有着70余年历史的德国建筑风格的老别墅。这幢别墅前后共住过三户人家，有着浓厚的历史和人文气息。而在2008年，这幢老别墅面临被拆迁的命运。2009年3月，老别墅离开了原来的地址，前往位于山东建筑大学的新家。老别墅迁移到山东建筑大学后，改造为中国第一座建筑平移展馆，并成为建大的特色景观。住建部、山东省委和省政府相关领导在视察建筑大学时，都对该展馆给予了高度评价，认为山东建筑大学的这一做法，为有效保护、更好地利用老建筑提供了可靠、可行的途径，也充分展示了山东建筑大学的实力。

老别墅的迁移，对于一栋建筑是保护的必需，对于当地的人们也许伴随着一种生活的离去。不过，能够最大限度地保护好古建筑，能够保留曾经的一点点生活气息，

2016年4月18日，山东省委常委、常务副省长孙伟陪同住建部副部长易军参观老别墅

这也是让人欣慰的。人们感怀曾经的生活，也不由惊叹现在科技的发展。对于老别墅的整体平移过程，济南市民纷纷惊诧不已，"听说过人搬家，这还是第一次听说建筑搬家呢！"市民争先恐后地看着建筑的平移，每一个操作环节都令人好奇。"如果其他建筑也都能这样平移保存就好啦！"人们如是说道。这幢别墅在这里生活了70余年。说是生活，是因为它是有灵魂的，是有人气的。人们在它的身体里生活，它同时也在吐息，它因为人而沾染了生活的气息，有了新鲜的活力，生活在这片老街区的人们也因为它的存在而平添了一丝古色古香的韵味。迁移当晚天气十分寒冷，但是在老别墅的搬迁场地，围满了前来观看老别墅搬家的老街坊和路人，纷纷来跟它合影留念。

齐鲁电视台直播视频截图

人们争先恐后地拍摄"搬家"的老别墅

　　老别墅的迁移在当时是轰动全城的大新闻，各大媒体争相报道。山东电视台、济南电视台、凤凰卫视、《齐鲁晚报》、人民网等媒体都对这件事进行了详细的报道，对老别墅迁移之前的准备工作和迁移过程，都进行了全程跟踪。《齐鲁晚报》的报道最为详细，作为省内的权威媒体，该报报道了老别墅平移的多个细节，记者也对张鑫教授进行了具体的采访，了解老别墅平移的技术问题，并向市民进行了解释。通过各大媒体的报道，人们对老别墅的迁移过程有了详细的了解，也引发了人们对老建筑保护的思考，让更多人越来越重视身边老建筑的保护和建筑文化的传承。

济南：80年老别墅"坐车搬家"［组图］

2009年02月28日 06:58:18　来源：新华网

【字号 大中小】 【留言】【打印】【关闭】【Email推荐：　　　　】【提交】

2月28日，工程人员将老别墅抬升至搬运车上。

当日，济南市经八纬一拆迁片区，一栋有80年历史的老别墅将通过拖移搬迁的方式迁往距旧址30多公里的新址"安家落户"。目前技术人员使用22个50吨千斤顶将建筑面积150平方米，重约200吨的老建筑整体抬高了约80厘米，为拖车整体搬迁做好准备。新华社记者朱峥摄

sina新闻中心　新闻中心 > 国内新闻 > 正文　　都市快报

老别墅搬家

http://www.sina.com.cn 2009年03月03日04:41 都市快报

昨日，拖车载着老别墅在济南经十路上行驶。 3月1日，济南市经八纬一拆迁片区，一栋有80年历史的老别墅通过拖移搬迁的方式迁往距旧址30多公里的新址"安家落户"。据了解，该建筑面积150平方米、重约200吨。新华社发

各大媒体对老别墅"搬家"进行报道

其实，在济南有很多地方都有这样的老建筑，它们不言不语、不争不抢，就那么默默地站立着，在这一方水土悄悄地诉说着前辈们的故事、老城的故事。济南，这个自开商埠以来就以经纬命名道路的特殊小城，向来就得上帝的恩宠。它看起来平凡，但其实是个很有意思的老城。在济南寻找这座城市的记忆，不要去繁华的街头，而要拿出耐心，去探访一条条古街，或者去某高级小区后面的小角落，那里有老济南人共同的记忆。汩汩的泉水，光滑的青石板街道，也许是青砖黛瓦的中国传统民居，也许是红墙拱顶的欧式别墅，或许是"一丝不苟"的哥特式教堂……这些建筑上的每一片瓦、每一块砖，都能勾起老济南人的回忆。

（2）建大学生的所见所闻

在山东建筑大学天健路与玉兰路的十字交叉口，老别墅静静地伫立着，每一个来建大的人总愿来这儿看看，他们的到来让这位伟大的老者觉得欣慰，它并不孤单。

2009年3月1日晚开始，历经14个小时的长途跋涉，老别墅来到了它的新家——山东建筑大学，开始与建大学生相伴。这是老别墅的新生，它把自己的故事延续到了山建大这个大家庭，将会继续谱写美妙通灵的乐章。这也是建大的一个新跨越，此前在姜波副教授的支持下，学校已经"请"来了不少经典老建筑上的零件，如文庙的梁、斗拱，精美的廊柱等，但是这次如乾坤大挪移般把整栋房屋运进来，还是头一次。建大学生与老别墅就如朋友般"结交在相知，骨肉何必亲"，并"同心而共济，始终如一"。

在山东建大工程鉴定加固研究院的努力下，老别墅逐渐恢复了当年的风采，虽然不复年轻，却极富生命力地呼吸着。门前"翠绿生烟，猩红斗秀"的石榴花，古朴温馨的方形石桌，"雪压不倒，风吹不折"的竹林，当清风扫过，轻轻摇曳，发出有节奏的鸣响，若在夏日炎炎的午后，你走进老别墅竹林之中，立时会感到一股沁人的凉意，红尘荡尽，疲劳无踪。青色的石板路自门蔓延下来，每一块石板都是一个故事，清楚地记录着发生在老别墅的悲欢离合。老宅门前的石碑上，前面是山东建筑大学王熹教授用左腕题的字，背面则记载了老别墅的前世今生……

手绘老别墅

落户建大，老别墅见证了一届又一届学子的欢喜、忧伤、感动、忐忑、烦躁、得意、自豪。每天来来往往的学子跑过它的身旁，谈笑着，私语着，亲密无间着，而它只是静静地伫立着，见证着别人的欢喜，感动着别人的感动。对于建筑而言，最有魅力的一点便是随着时间的流逝所不断沉淀下来的文化底蕴。借用经典的一个句式，可以说"不来看老别墅，不算来过建大"，若你来到建大，一定要去老别墅看看。它不是简单的石块堆砌，而是一个个故事沉淀，你可能无从得知它身上所发生的感动、欢喜与别离，但站在老别墅的门前，沿着青石板一个石阶一个石阶地走近，你便会折服于这位老者的魅力——用生命记载着别人的故事！

(3) 专家眼中的老别墅

老别墅搬迁，是我国建筑平移史上最具纪念意义的案例之一。这座有着 70 余年历史的老别墅，重 200 多吨，在多方工作人员的努力下，成功平移近 28 千米，创下当时我国建筑平移史上最远距离的整体迁移纪录，在学术界影响甚广。

建筑平移技术在学术界看来是一项技术含量颇高、颇具风险性的工程。它把建筑结构力学与岩土工程技术紧密结合起来，根据其平移距离和方向的不同，划分为横向平移、纵向平移、远距离平移、局部挪移和平移并旋转。建筑平移技术不仅使移位后的建筑物能满足规划、市政方面的要求，还不能对建筑物的结构造成损坏，同时，要降低工程造价。

之前，建筑平移技术在中国并没有广泛应用，而早在 20 世纪初期欧美国家的建筑物整体平移技术就已经有了相当高的造诣。因此，在业界看来，200 多吨的老别墅能够安全平移 28 千米不可不说是一件惊天动地的大事，这将会为我国建筑平移技术的崛起提供重要的工程实践经验。

老别墅的搬迁，不仅引发了社会对平移技术的关注，也引发了许多专家对老建筑保护的思考。在 20 世纪初期，欧美国家对于有文物价值或有继续使用价值的建筑物都很珍爱，不惜重金运用整体平移技术将其转移到合适位置予以重新利用和保护。它们对环境保护要求较高，如果将建筑物拆除，必将产生粉尘、噪音及大量不可再生的建筑垃圾。因此，欧美国家的建筑物整体平移技术已发展到相当高的水平，并有多家专业化的工程公司。

我国掌握建筑物移位技术较晚，但是因为有了像老别墅平移这样成功的先驱者，建筑平移技术迅速发展。对于老别墅平移，在中国土木工程学会组织的成果评价中，关肇邺院士、陈肇元院士、周福霖院士、沈祖炎院士、邸小坛研究员一致认为：“建筑平移加固技术创新性地提出了托换结构和牵引力的设计方法以及组织隔震系统就位连接方法，研究了移位工程设备、装置和移位过程中的实时监控系统……特别是对于具有重要历史文化意义的建筑物，通过移位和隔震连接，能提高其抗震性能并最大限度保持原有风貌。”

目前，中国城镇化建设高速发展，其间必然面临很多老建筑的存留问题。众所周知，如果文化得不到发扬就会衰退，而老建筑得不到整修就会崩塌。因此，如何正确处理这些矛盾，不仅是政府面临的挑战、更是摆在建筑专家面前的问题。老别墅平移的成功，不仅为我国老建筑保护提供了一条有效途径，更增强了业内人士对保护老建筑的信心！

二

凤鸣之路重生

题记：

  这是一座沉寂了 70 多年的老别墅，历经风雨，饱受沧桑，曾隐匿在拔地而起的高楼大厦间，残喘着微弱的气息，却依旧散发着独有的魅力。或玲珑或平实的飞檐青瓦，如跂斯翼，如矢斯棘；七室一阁，四根敦厚圆滑的陶立克式廊柱，是中国建筑三段式的匠心独运，也是西方建筑风格的呈现。

1. 命悬一线的"老人"

2008 年的夏天，与往年一般炎热，蝉声聒噪。一个人静静地驻足在一片废墟瓦砾之中，眉头紧锁，豆大的汗珠在眼角流过，他深望着，又在思索着。他就是山东建筑大学齐鲁文化研究中心的姜波副教授。在拆迁场地，他意外地发现了这座饱经沧桑的老别墅——它就像一个枯朽叹着粗气的老人，等待着自己最后的宿命。荒芜的片区内，拆迁的废料即将成为这位老人最后的丧衣，它无力哭诉，更无力逃离，甚至咳嗽一声，身上的瓦片土砾都会轻易散落，是的，它太虚弱了。

姜波副教授沉重地凝望着，他不希望这座老建筑像这门前的瓦砾一般变成断壁残垣，他思索着保留办法，似乎还有一线生机。姜波副教授报告了市中区政府，在时任市中区区委副书记王铁志同志的大力支持下，协调拆迁办，在拆迁任务紧迫的情况下留住了老别墅，使其被暂时保护。姜波带领学生进行测绘，为老别墅留下第一手资料，希望能够及时将老别墅保护起来。此事报告给学校，学校领导高度重视，希望能够重新将老别墅保护起来，为这个"老人"找一个颐养天年的住处。山东建大工程鉴定加固研究院的张鑫教授了解详情后，从技术手段及位置选取方面做了慎重的考虑，最终和学校领导达成共识，"就搬到咱们这儿来吧，由我们学校为这位百岁老人接风洗尘"。最后，山东建筑大学与市中区拆迁办协商，决定将老别墅搬迁到位于经十东路的山东建筑大学。姜波副教授在《齐鲁晚报》3 月 2 日的《相关报道：老别墅搬家始末》中有一段表述："2008 年 6 月，经八纬一片区进行拆迁改造，位于片区内有着 70 多年历史的民国老别墅面临着被拆除的命运。片区改造启动后，居住在老别墅里的三户居民很快与市中区拆迁办签订拆迁补偿协议，将房屋腾空。"这样，老别墅的最后一口气，留住了。

2009 年 2 月，在山东建大工程鉴定加固研究院的努力下，老别墅搬迁方案几经修改，将每一次细节都着重考虑后得以确定，开始进行平移前细致的准备工作。山

东建筑大学为老别墅在历城区凤鸣路校园内选定了新址，并计划对老别墅进行新一轮的加固，让这位百岁老人在凤凰涅槃之处得到重生。2009年2月27日，按照原定计划，老别墅开始动身搬迁到新家，但因为老别墅在运输车辆上的临时固定措施不够牢固，为防止平移途中发生意外损坏，临时延期。2009年2月28日，由于房屋的平衡点没有找准，为避免房屋搬运途中出现倾斜，搬迁工作再次延期。2009年3月1日晚9时38分，工作人员终于找准了平衡点，并细致地对房屋内外进行妥善加固，21点38分，老别墅开始搬迁行程，从经八纬一路小区正式动身，体验横跨泉城之旅。

2. 老别墅的传说

建筑师赋予建筑以灵魂，居住的人让缥缈的灵魂有了血肉。一个建筑有了居住的气息，生命力才越发旺盛。若房屋被闲置，它会渐渐变得苍老，因为它没了血肉的灵魂。2009年迁移前的空闲老别墅猝然变得虚弱，奄奄一息。限于迁移中的要求，它顶层部分已被拆下，显得更没了灵气，但从它的砌石墙裙上还能看出它年轻时的风采……

（1）民国 29 年（1940 年）　　济南经八纬一路　张家

"黄包车，停这儿就好了。"略显沧桑的黄包车停在一栋崭新且样式别致的别墅前，"小姐，您请下车"。车夫放下拉杆，从黄包车上下来一个身着黄色洋装、手提西式皮箱的漂亮姑娘，她叫书淑。书淑看着周围的一切，熟悉的林荫道，卖煎饼豆浆的大娘，吆喝卖报的小哥，尤为特别的是面前这栋小别墅，当时走时才刚刚开始动工，现在早已修建完毕，等着她回来。

"爸、妈，我回来了！"从别墅里出来一对中年夫妇，男士穿着一身考究的中山装，女人则穿着灰蓝素雅的民国旗袍，头上梳一苏州撅，配着精巧的绿石钗针，显得颇为端庄秀丽。"总算是回来了，回来了。"女人激动得略带哭腔，紧紧地抱着书淑，本来性格大大咧咧的书淑此时也泛了泪花。"别在外面待着了，快进家吧。"张爸爸看着母女两个，鼻子一酸，声音也不似以前那般浑厚。

进了家门，室内精巧的设计，近乎完美的布置，着实令书淑惊喜。她踏着木质楼梯走上小阁楼，这是母亲为自己精心布置的房间，干净整洁的床单、小巧的梳妆台、素雅的桌布……安顿好之后，书淑走出房间仔细地端详起来。从阁楼下来是一个小客厅，正好供客人喝茶聊天之用。更让书淑惊叹的是，母亲的房间竟然连着一个地下室，地下室里放置着爸爸收藏的书籍，木质写字台上立放着自己临走时拍的照片——爸爸穿着大褂，妈妈穿着酒红色旗袍，自己则穿着妈妈年轻时的旗袍，梳着最为简单的螺髻，身后是刚刚才开始动工的小别墅。书淑看着照片，眼前浮现出1938年济南攻击战发生时的场景，激战整整三昼夜啊，那年，她为了祖国离开了家，在国外学习了两年，祖国的命运又坚定了她回来的决心！

"书淑，吃饭了。"书淑回过神，放下照片赶忙上去，接过母亲端着的盘子，"妈，在国外两年一直就惦记着您做的红烧肉，现在终于可以大吃一顿了"。"别只顾着吃，你在国外两年有没有好好学习，有没有忘本崇洋媚外，有没有——"张爸爸还想说什么，却被书淑母亲的眼神硬生生给抵回去了："女儿不在的时候你整天念叨着想，回来就说这些。"

"爸，我在外一切都挺好的，我一直都很努力学习，我一直都记得呢！您从小就教育我要忠于祖国，爸，您放心。""好了好了，回来就好，回家就好。"张爸爸示意女儿坐下。

泛黄的灯光下，一家三口吃着饭，年轻的房子静静地呼吸着，挡住了外面渐渐的雨、冷冷的风……

(2) 1947 年　济南经八纬一路　张家—李家

"爸爸，我们走吧！"书淑提着整理好的箱子，看着眼前的别墅。七年的相处，书淑已经把别墅看作自己的亲人。七年间发生了太多的事情。当年因抗日离开的男友回来娶了她，母亲却患病离开了，现在因为丈夫工作的特殊性她必须随着离开，她不能留父亲一人独守，所以费了好大的劲说服父亲，把房子以低价转给了父亲的好朋友李叔。父亲从石凳上起身，怀里紧紧抱着一家人的合照。那是她回家第二年一家人在老别墅前照的——身着中山装的爸爸，一身素雅旗袍的妈妈，身穿明黄色洋裙的自己，身后是年轻的小别墅，阳光下的一切都显得格外美好。

书淑扶着父亲上了车，回头怔怔地看着老别墅，又转头对李叔说："李叔，再见了。"突然转身跑进了别墅，眼泪禁不住地流了下来，"小楼梯、红木板，再见了；千纸鹤，再见了；摇摇椅，再见了；小阁楼，再见了；小乌龟，再见了；老别墅，再见了！再见，再见，再见……"

离去的汽车划出一道尘线，空中飘着四个灵魂的声音："老婆，我走了，你曾经说过这个房子是我们永远的家，现在我不得已要离开，可是我会回来的"，"妈妈，再见，我带爸爸走了，老别墅，我走了，可是我一定会回来的，因为看见你，就想起生命里最美好的时光"，"老公，你一定要好好的，我在这个世界很好，我等着你！""书淑，我也是，看见你们，就想起最好的时光！"

(3) 新中国成立 10 周年　济南经八纬一路　张家

1959 年，谁都无法想到接下来的三年中中国要经历多么可怕的灾难。此时的老别墅再不是当年那个模样，外表已显破旧。李叔一家在 1958 年将房子卖给了另一位张先生后，离开了济南，远赴南方。

原本被作为书房的地下室被改成了卧室，小阁楼上的千纸鹤挂帘不知道被遗弃在哪里，素雅的桌布被换成了大理石板，唯独柜子上的乌龟还待在自己的小天地里。"你这个孩子，怎么那么不听话，老是惹妹妹哭，"微胖的妇女系着围裙拿着擀面杖追着一个七八岁的孩子，男孩灵巧地躲着跳到阳台上对着女人做鬼脸，然后一跃又跳到了草地上。女人正想追过去，却听到屋里传来小孩子的哭泣声，女人没办法，只好不理小男孩，进屋去，"等我哄好妹妹，再收拾你。"小男孩不听话地吐吐舌头。

阳光下，迎春花落了一地。小男孩坐在迎春花上，就像当年的书淑一样，最爱在迎春花下，傻坐着……

(4) 2008 年末　济南经八纬一路　空闲的老别墅

经八纬一路一带开始了大开发，周围的房子已经变成一片废墟，张家也和这里的居民一样搬离了老别墅。济南的冬天总是特别冷，寒风呼呼地吹着，老别墅孤零零地立在寒风中，像是一个无人问津的老人家。就像是冥冥之中自有安排，这座民国老宅终究逃过了被毁掉的厄运，在山东建筑大学姜波副教授的呼吁下，政府部门同意了老别墅的迁移计划。

(5) 2009 年 3 月 1 日　济南经八纬一路　动迁的老别墅

这一天，对于已经 70 多岁高龄的老别墅注定是意义非凡的，和它一起生活的人一个个离开了这里，而今天它也要离开了。人们都说故土难离，对老别墅来说更是一波三折。经过一天的捆扎、加固、平衡准备工作，2009 年 3 月 1 日晚上 9 点 38 分，老别墅终于动身了。机器轰鸣声中，两组平板拖车缓缓拉动，近千名市民为这座 70

多岁高龄的老别墅送行。老别墅一路上踯躅，紧束行装，屈身险过天桥，巧过绿化树和线缆，历经 14 个小时的长途跋涉，终于在 2 日 11 时 43 分抵达了山东建筑大学，来到了它的新家！

(6) 2012 年 凤鸣路 山东建筑大学

这是老别墅落户山东建筑大学的第三个年头，在学校师生的共同努力下，老别墅恢复了当年的模样，虽然不复年轻，却极富生命力地呼吸着——门前的石榴花，方形石桌，成片的竹林，石板路。每一个来山东建筑大学的人总要来这座老别墅看看，他们的到来让这位伟大的老者觉得欣慰，它并不孤单。

2014 年的一天，笔者又一次来到老别墅前。走进这座老宅，我好像感受到了它切切实实的呼吸，书淑一家人热闹地吃着晚饭，李叔坐在石凳上看着当天的报纸，小男孩顽皮地跳来跳去……老别墅记忆了每一个和它一起生活过的人的气息，这便是建筑最有魅力的地方——灵魂在，血肉亦在！

3. 凤鸣之地的涅槃

一片破乱的拆迁工地上，一座饱经沧桑的老建筑孤零零地立在那里，但它是幸运的，因为等待这座民国老宅的不再是冰冷的挖掘机械。

2009 年 3 月 1 日晚，山东建大工程鉴定加固研究院将这座长 15 米左右、宽 9 米左右、重达 200 吨的老别墅用两辆运载量为 1400 吨的液压平板车，历时 14 小时，行程 28 千米，从经八纬一路整体平移到山东建筑大学新校区，创下了国内历史建筑最远距离的整体迁移记录，集中展示了建筑物平移技术。毫不夸张地讲，建筑大学已经是移楼老手，而这次，更准确地应该称呼"运楼"，当然，说搬家也很贴切，其距离再次创造了国内记录，估计在国际上也很罕见。而这座建筑，很多见过的人都讲，外貌并不突出，而且非常破旧，但作为业内行家的姜波副教授，却更看中其内涵——精巧的设计、完美的布置，非常有研究及教学的价值。同时，"运楼"这一壮举，再次显示了学校的实力，很大程度上扩大了学校的知名度，提高了学校的美誉度。学生们对此也颇为自豪，极大地激发了学生的学习及研究兴趣，就像把一座老建筑搬进了课堂，让学生们在老别墅里感悟平移技术的震撼与古典建筑的魅力。古建筑也是建筑设计和艺术创作的重要借鉴。中国的古建筑在艺术和技术上都达到了很高的造诣，老别墅将西方建筑与中国古老的传统建筑合二为一，两者融合得相得益彰，通过平移加固技术的整体处理，与现代技术相融合，使得整个体系更加具有教学意义，也让师生们为之震撼。

济南市经八纬一路民国老别墅的 28 千米"长途大搬家"引起全省关注。3 月 1 日晚 21 时 38 分，伴随着机器轰鸣，平板大拖车缓缓启动，老别墅历经波折终于启程上路，赶赴位于山东建筑大学新校区的新家。

在众多媒体"长枪短炮"关切的目光里，在市民们啧啧称奇的赞叹里，老别墅从经八纬一路来到它的新家——山东建筑大学。本来计划一早到达目的地，但行程过程中为了安全起见，姗姗来迟，接近中午 12 点才到达学校，迟到了 4 个多小时。老别墅的平移，创下了国内历史建筑最远距离的整体迁移记录，也为旧城改造中古建筑保护开辟了一条全新路径。据山东建筑大学时任校长王崇杰回忆，当时大家心情非常紧张，生怕老房子散架，所以行车速度很慢，28 千米的路走了足足 14 个小时，不到落地的最后一刻，谁都不敢确定能否成功平移。对张鑫、姜波两位老师来说，他们感到沉重的不仅仅是历史建筑的研究价值或者经济价值，更重要的是市民们那一份份信任和期望。

多年来，山东建筑大学用保护历史文化和建筑遗产方面的实际行动，构建了省内独具特色"博物馆"式的文化景观，这些各具特色的博物馆是学生教育的活教材，教育学生尊重历史、传承文化。如今，走进山东建筑大学，可以看到行程 28 千米整体迁移到新校区的民国老别墅，可以看到独具胶东特色的原生态民居海草房，可以看到众多老济南人记忆中的中国电影院前门楼，可以看到洗尽铅华、浴火重生的凤凰公馆和承载自然和谐哲学思想的全木质别墅雪山书苑……这些老建筑透过历史，穿越时空，诉说着建筑的历史和美。

4. 留住记忆的载体

找不出遗迹的地方，不会是文化的沃土；没有文化积淀的城市，就像是一座没有灵魂的空壳，即使它建设得再漂亮、再现代。

因此，古建筑的存在对彰显一座城市的文化内涵尤为重要。古建筑是一种精神文化的载体，通过古建筑可以理解不同地域间丰富的文化内涵。在一定意义上，它们是某个城市历史的记忆符号，更是城市文化发展的链条。一座古老的建筑，无论如何破旧，其内在的文化内涵与历史遗迹都是无法被替代的。反之，一座当代的仿古建筑，无论在外形上做得多么相似，如果其内在的历史遗迹几乎为零，那么其文化内涵肯定无法与古迹比肩。

作为见证一座城市几十年来沧桑变化的古建筑，重生后的老别墅以其独特的建筑体系与平移施工特征，在建筑、艺术、科技及美学等方面都具有极高的影响和研究价值。对于老别墅的整体保护工作来说，虽然建筑本身只是一座不过百年的普通别墅，但由点及面，这对于整个城市文化建筑的保护工作是一次重要的示范。平移加固技术的不断进步，使得建筑保护工作更加得心应手。山东建筑大学的老别墅整体平移工程，是建筑保护的一次重大探索。

因此，我们再去欣赏古建筑时，不应只关注其外在的美学特征，更应透过老建筑的砖墙看到其内在的文化魅力。

说起老建筑，济南人都会想起老火车站。济南老火车站是指"津浦铁路济南站"，是19世纪末20世纪初德国著名建筑师赫尔曼·菲舍尔设计的一座典型的德式车站建筑。它曾是亚洲最大的火车站，是清华大学、同济大学的建筑类教科书中的案例，并曾被战后德国出版的《远东旅行》列为远东第一站。那伸向蓝天的高大钟楼体现了欧洲中世纪的宗教理念，设计者又把与他们信仰中的上帝相衔接的尖顶改换成了罗马式的圆顶，并把圆顶下的墙面装饰上四个圆形大时钟，用以替代只可用听觉感知的教堂钟声，既增添了视觉观赏性，又为旅客提供了方便。欧洲历史上流行最广、最具民俗性的巴洛克建筑风格在济南老火车站这座小小建筑中也有多处体现：钟楼立面的螺旋长窗、售票厅门楣上方的拱形大窗、屋顶瓦面下檐开出的三角形和半圆形上下交错的小天窗等，既为建筑物增添了曲线美，又增加了室内的光亮度。墙角参差的方形花岗岩石块，门外高高的基座台阶，窗前种植的墨绿松柏，以及棕褐色围栏，都使这座不大也不算太小的洋式老车站既有玲珑剔透感，又有厚重坚实的恒久性。但是在1992年3月，这座美妙的建筑被拆除了，取而代之的是一座现代化的车站。现代化的火车站并非不好，只是那个时代的"记忆"消失了！这件事成了许多老济南人民心中的痛，许多专家学者也扼腕叹息。

如今，老别墅的搬迁为民众带来了希望，它不仅能将老济南的记忆留下，更能加强民众保护古建筑的意识！其实，正因为济南的文化是多元的，老建筑保护才更应该重视。保护好德式老建筑，留住历史的脚步，丰富济南的城市文化，政府责无旁贷，相关部门重任在肩。

记录那段古老岁月里的酸甜苦辣，留住曾经因它而有的喜怒哀乐，就是保留它的意义和价值。

老别墅雪景

建筑平移技术展馆

题记：

单丝不为线，孤木不成林。多元的文化烙印对一个走向国际化的大都市来说，是一笔难得的精神财富。文化选择的多样性是城市发展应有之意。

1. 走进展馆，走进老别墅

我国使用建筑物移位技术比国外晚 60 年，移位的建筑物数量却超过国外之和。欧美国家早在 20 世纪初期就将建筑物整体平移技术发展到相当高的水平。这次老别墅平移的案例在我国建筑物平移史上很具纪念意义，为我国的建筑平移技术的发展做出了突出贡献。

老别墅从济南经八纬一路来到山东建筑大学之后，如何充分利用老别墅、发挥老别墅的价值，成为一个重要的课题。在学校领导、专家教授的多次研究下，决定把它作为富有教育意义的博物馆，即作为平移技术展览馆使用。据悉，这是中国第一个平移技术展馆。它坐落在建大天健路与玉兰路的交叉路口，红砖白裙特别醒目，周围绿树环绕，环境清幽，是建大众多美丽的展览馆之一，作为平移技术的学术研究基地为学校师生提供研究资源。老别墅内部的展览资料为师生提供了学习资源，老别墅本身也是平移技术和老建筑保护研究的绝佳对象。目前，老别墅免费对外开放，节假日都会有大量校外人员参观，参观者纷纷感叹科技发展的力量。

建筑平移技术展馆入口

老别墅南北长 15 米，东西宽 9 米，高 6.5 米，占地面积 108 平方米，建筑面积 130 多平方米，房间内廊布局，设有阁楼和部分地下室。

站在展馆前，映入眼帘的便是一个小小的外廊，还有四根醒目的陶立克式廊柱，形态简洁，但别墅看起来很有气势。腰线以下是用济南青石做的基础，腰线以上是红砖砌成的墙体。踏进老别墅，古老的气息扑面而来。别墅的地面是砖石，只有一间房的地板是木制的，那是以前主人的书房。墙面则粉刷成干净的白色，使屋内显得更加明亮。现在作为展览馆的老别墅只能隐约透出往日生活的气息，遗存下来的更多是文化的影子。别墅的每个房间都展示了不同的内容，有老别墅的迁移过程记录，有学校做过的其他建筑物的平移案例，有其他国家的建筑物平移技术展示和国内外的成功平移案例，其内容不可谓不丰富。

对着正门的是 1 号展厅，展出的是建筑平移技术馆前言、济南老建筑的保护与修缮，还有学校获得的专利证书和荣誉证书。1 号展厅的南边有一个侧门，连接着 2 号展厅。2 号展厅介绍了老别墅迁移的整体过程和所用技术。从 2 号展厅东门出

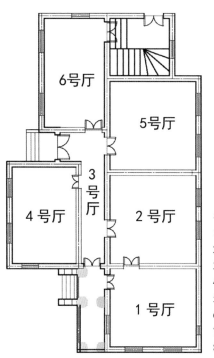

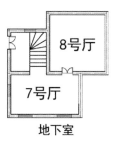

布局说明：
1 号厅：济南历史文化建筑保护
2 号厅：老别墅移位保护
3 号厅：国外建筑平移案例
4 号厅：历史建筑移位保护
5 号厅：高层建筑移位保护
6 号厅：建筑移位技术研究
7 号厅：基坑支护及地基基础加固技术
8 号厅：建筑物纠倾技术

老别墅内部展厅

学生参观建筑平移技术展馆

去，是 3 号展厅，这是一个小走廊，在外廊的侧门也可以进入这条走廊。3 号展厅展出的是国外经典平移案例。顺着走廊往南走，在左手边是 4 号展厅，展出的是历史建筑的移位保护。走廊的尽头，与 4 号展厅斜对着的，是 5 号展厅，这也是老别墅原主人的书房，展示的是高层建筑的移位保护。从 5 号展厅出来，在右手边，正对着走廊尽头的，是 6 号展厅，这间展出的是建筑移位技术的研究。在 6 号展厅的西南角上，还有一道门，这是一个楼梯间。顺着窄窄的楼梯下去，会发现别墅下面还有两间地下室，分别是 7 号展厅和 8 号展厅，分别展示了基坑支护及地基基础加固技术、建筑物纠倾技术。

展馆入口处的壁灯

(1) 展馆总览（1号展厅）

从台阶上，首先看到的是1号展厅，这个厅里展示的是平移技术、山东建大工程鉴定加固研究院的介绍及济南部分老建筑的修复与改造。在大规模旧城改造及城镇化进程中，建筑拆除与保护利用之间的矛盾十分突出，特别是作为文化传承载体的优秀历史建筑，一旦被拆除将造成无法挽回的损失。采用移位技术将建筑物由原位置移至指定位置，实施移位改造，是保护利用既有建筑物的有效途径。

山东建大工程鉴定加固研究院自1998年开始在国家科技支撑计划、国家自然科学基金和重大工程项目等支持下，对建筑移位改造技术进行了深入系统的研究，

老别墅1号展厅旁边的侧门

揭示了托换结构受力机理、牵引控制机制、组合隔震系统力学特性等，提出了托换结构设计方法，发明了移位测控系统及相关设备装置，发明了就位连接方法及地下增层方法，形成了建筑物移位改造成套新技术，完成移位工程66项。授权国家发明专利10项，软件著作权1项，主编了国家行业标准《建（构）筑物移位工程技术规程》，出版专著2部，"建筑结构移位与加固改造"研究团队入选教育部创新团队。研究成果获2012年度教育部技术发明一等奖，2014年度国家技术发明二等奖。

1号与2号展厅之间

展厅展示的修复与改造的济南老建筑有"远东第一站"之称的济南老火车站、济南市最早的电话局——凤凰公馆、老洋行、小广寒电影院、济南宏济堂等，这些老建筑是济南建筑史上的瑰宝，也是济南在那个动荡年代的印记。展厅的墙上挂着这些建筑的照片及简介，清楚地描述了这些建筑的旧址风貌和得到修缮后的新形象，让每一个前来参观的人都能感受到完美建筑的独特魅力，尤其是老济南人，看了这

拆迁前的凤凰公馆

重建后的凤凰公馆

凤凰公馆建于1913年，是位于济南西关西凤凰街的一座老建筑，德式房屋风格，是济南市最早的电话局。日伪时期是日本的特务机构，所以它也是日军侵占济南的见证。

2010年，此建筑随着城市建设将面临拆迁。山东建筑大学在社会各方面的努力下，按原来尺寸异地重建，"新"凤凰公馆现在是房地契和济南市地图展馆。

 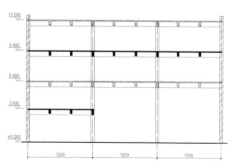

济南老火车站

济南老火车站是"1911年建成的津浦铁路济南站"，由德国建筑师赫尔曼·菲舍尔设计，有"远东第一站"之称，1992年拆除。西侧的二层候车室建于1958年，1992年原二层候车室经内部加层改造为四层，底层为售票厅，上部为办公用房。

1号展厅展示的济南市部分老建筑的修复与改造（上）

中国电影院入口

中国电影院，建于1954年8月，位于济南市中心繁华地带——经四路与顺河街路口，占地1000平方米。建筑为民族风格，宏伟大方，是20世纪50年代济南市的标志性建筑之一。它的屋顶横梁跨度达24米，全是木结构，一根柱子都没有。螭吻是和平鸽造型，蕴意呼唤和平。2009年初被拆除。现中国电影院入口处原构件在山东建筑大学校园内异地重建。

小广寒旧貌

1904年，济南成为国内第一家自开商埠的城市。位于济南市经三小纬二路的小广寒电影院由德国人出资兴建。1904年动工，1906年竣工。它是济南市最早的电影院。

小广寒新貌

自1906年投入使用之后，小广寒几次更名，1946年改名为国民电影院，1948年改为济南电影院，1950年又改名为明星电影院。后为济南市卫生教育馆，2008年4月进行了为期大半年的加固和修复，现为电影文化展示基地。

1号展厅展示的济南市部分老建筑的修复与改造（下）

些照片无一不感慨万千。除了这些，在展柜里陈列着的，则是山东建筑大学在建筑平移技术上所获得的国家专利证书及奖状，这些证书满满地列在展柜里，代表着建大的荣誉，也向来此参观的师生和社会各界人士展现了学校的研究和实践水平。

（2）老别墅远距离迁移保护（2号展厅）

从1号展厅的侧门进入旁边的房间，便是2号展厅，2号展厅记录了老别墅平移的全过程，从平移的准备到平移的技术，到平移的团队和所用的工具，再到正式平移的过程，都有详细的介绍。展柜里陈列着已泛黄的报纸，老别墅要搬家在当时轰动全城，各大媒体争相报道并全程追踪了老别墅搬迁的始末。展厅的墙上挂着的是对老别墅平移过程的介绍和记录某些重要技术、重要瞬间的照片。

2号展厅的展柜

（3）国外建筑物整体平移工程实践（3号展厅）

从外廊的左侧进入，是一个较短的小走廊，这是老别墅的3号展厅，展示的是国外建筑物平移的经典案例，包括美国依阿华大学科技馆、英国兰开夏郡沃灵顿市一教学楼、美国明尼苏达州的舒伯特剧院、丹麦哥本哈根飞机场候机厅、美国卡莱

3 号展厅位于展馆内的长廊

罗纳州一座灯塔等等，这些都是国外建筑平移史上比较典型的成功案例，为世界建筑物平移技术的发展做出了突出贡献。

（4）历史建筑移位保护（4 号展厅）

走廊东侧的房间是 4 号展厅，主题是历史建筑的移位保护。在旧城改造及城镇化进程中，对优秀历史文化建筑实施移位保护，不仅可以缓解拆除与新建的矛盾，又能"留得住乡愁"。

历史文化建筑多存在材料强度低、整体性差、抗震性能不好的缺陷。历史文化建筑移位后，采用移位行走装置加铅芯橡胶支座组成的组合隔震连接，可以避免对上部结构的抗震加固，在不影响其历史风貌的前提下，有效提高其移位后的抗震性能。

4 号展厅展示的移楼小器械

(5) 高层建筑移位保护（5 号展厅）

4 号展厅对面是 5 号展厅，是曾经的主人的书房，用来展出高层建筑的移位保护技术和案例。

高层建筑不仅具有高、大、重的特点，而且一般高宽比较大，对震动和地基不均匀沉降敏感，当有裙房时其底层柱（墙）的内力差异较大。

高层建筑移位工程中对轨道及新基础沉降控制、柱（墙）托换、移动动力施加与控制、位移精确同步控制、振动监测与控制、倾斜监测、就位连接等的要求均高于一般多层建筑移位。其中，控制并减小轨道及新基础不均匀沉降、柱（墙）可靠托换，是防止建筑物移位过程中出现倾斜、保证移位安全的关键所在；动力平稳施加、位移精确同步控制，是减小建筑物位移过程中的振动、保证按设计方向和距离位移的重要手段；实时监测，可以及时掌握建筑物移位过程中的各种反应，是移位控制的主要参考；柱（墙）与新基础可靠连接，是保证建筑物移位后安全使用的前提。

5 号展厅内景

(6) 建筑移位技术研究（6 号展厅）

走廊尽头对着的房间是 6 号展厅，这间展厅展出的是建筑位移技术实验和国内多层建筑移位保护的案例，其中有山东建筑大学承接的工程。建筑物移位技术实验

5 号展厅与 6 号展厅的衔接   6 号展厅内景

该试验模型为一缩尺比例为1：4的五层钢框架结构。通过模拟实际结构的受力情况，研究滚轴与橡胶垫组合隔震结构的隔震效果。

试验研究发现：上部结构加速度反应放大现象不明显，可以认为上部结构处于整体平动状态；沿滚轴滚动方向的隔震效果优于沿滚轴滑动方向；上部结构层间变形随输入加速度的增加而增加，上部结构顶层附近各层的层间变形较小，结构中部各层的层间变形较大。

建筑移位技术"滚轴与橡胶垫隔震结构模型震动台实验"

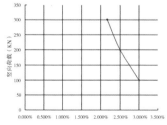

滑动摩擦系数
滑动摩擦系数——竖向荷载
关系曲线（无润滑）

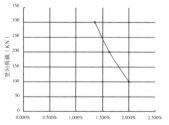

滑动摩擦系数
滑动摩擦系数——竖向荷载
关系曲线（有润滑）

建筑移位技术"滑块摩阻力与正压力关系"研究

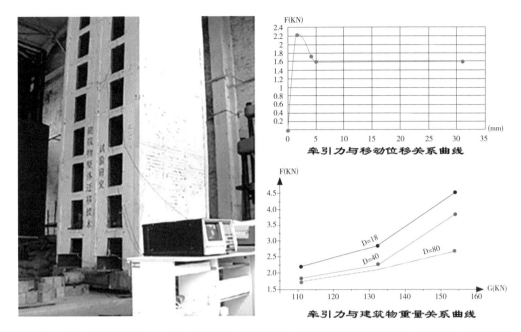

该实验在一缩尺比例为 1：4 的 9 层建筑物模型上进行，分别采用直径为 18 毫米、40 毫米、6 毫米的实心钢滚轴，间距均为 200 毫米。

由牵引力与移动位移关系曲线可以看出，建筑物平移时启动牵引力大于平移过程中的牵引力，大约高出 25%。

由牵引力与建筑物重量关系曲线可以看出，滚动式平移在采用钢—钢摩擦时，建筑物重量越大，滚轴直径越小，摩擦系数则越大，反之则越小。

建筑移位技术"钢滚轴滚动摩擦阻力"实验研究

包括钢滚轴滚动摩阻力的实验研究、滑块摩阻与正压力关系的研究、滚轴与橡胶垫隔震结构模型震动台实验、滑块与橡胶组合隔震实验研究、柱混凝土托换节点实验研究、柱组装式钢托换节点实验研究等，这些实验均是在山东建筑大学国家级土木工程实验教学示范中心完成的。

（7）地基基础加固技术（7 号展厅）

老别墅 6 号厅的拐角处有一道楼梯，顺着楼梯向前走就来到了地下室。地下室的墙上开了一扇小窗，正好能看见楼梯，再加上灯光效果，所以这间地下室并没有阴暗、冰冷、潮湿的感觉，反而明亮、干净，让人忘记自己身处地下，这是老别墅最令人赞叹的地方。地下室也是展馆的一部分，有两间房，分别是 7 号和 8 号展厅。

7 号展厅内部

墙上挂满了各种展板和照片，分别展出的是基坑支护和地基基础加固技术、建筑物纠倾技术。

7 号展厅展出的是基坑支护和地基基础加固技术，包括烟台天鸿时代广场桩锚支护、华能白杨河电厂复合土钉墙、山东建筑大学教授花园山体工程、济钢铁路不停产加固、济钢铁路综合料槽不停产加固、海阳核电站 1 号核岛吊装点地基及边坡加固、深层地下溶洞压力注浆处理、微型桩加固技术等。

下地下室楼梯

(8) 建（构）筑物纠倾技术（8 号展厅）

8 号展厅展出的是建筑物纠倾技术，包括济钢 8 号住宅楼掏土灌水纠倾、陵县圣源热电厂 120 米烟囱纠倾、赵官煤矿副井钢结构厂房顶升纠倾、山西阳曲吉港水泥钢板仓浸水纠偏、南水北调玉符河箱涵顶升纠偏等工程，这些都是学校工程鉴定加固研究院承接并成功完成的案例。

老别墅在重生后完全变了个模样，里面的家具被展柜和展板取代，曾经主人的生活气息渐渐消失，取而代之的是浓浓的历史和文化的味道，它的生命以另一种方式得以延续。

矿井冻结法施工造成后期井口附房产生沉降，使上部钢结构厂房局部倾斜，采用顶升法对钢结构厂房中沉降较大的钢柱成功进行纠偏。

赵官煤矿副井钢结构厂房顶升纠倾

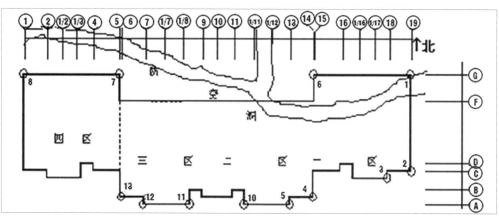

　　济南钢铁集团总公司 8 号住宅楼，8 层砖混结构，钢筋混凝土条形基础，建筑面积 11201 平方米。

　　该建筑竣工后向北倾斜 298 毫米，倾斜率达 12.31‰，并有继续发展的趋势。工程地质补充勘察发现，在该建筑物北侧及东侧地下有一废弃防空洞，防空洞顶部塌落，且建筑物外已有两处塌陷至地面。

　　山东建筑大学提出了掏土灌水法纠倾技术，并成功应用于该工程。

济钢 8# 住宅楼掏土灌水纠倾

2. 国内外典型的平移建筑

（1）国外建筑迁移典型案例

3 号展厅内展出的国外建筑物整体平移工程实践

　　建筑是工程技术和建筑艺术的综合创作，是建筑物和构筑物的总称。著名德国哲学家谢林在其名著《艺术哲学》中有句名言："建筑是凝固的音乐。"与他同时代的巨人歌德也曾说过："建筑是一种僵化的音乐。"先哲们赋予了建筑在空间与时间的扩展中美妙的音乐节奏感和韵律感，但其建筑本体毕竟是凝固、凝结、固化的。在先哲们辞世之后，有些"凝固的音乐"居然可以走动起来，实现了楼房整体平移（或称整体迁移、整体移位）。这是 20 世纪工程技术界的一个创举，至今已走过百年。

　　早在 20 世纪初，国外就出现了建筑整体平移技术，国外的建筑人士格外珍爱有继续使用价值或有文物价值的建筑物，不惜重金运用整体平移技术将其转移到合适位置，予以重新利用和保护。据文献记载，世界上第一例建筑整体平移发生在 1873 的新西兰。当时，

世界上第一例建筑整体平移

用蒸汽机车将一座单体斜坡顶的农宅牵引到新址，开创了建筑整体平移的先河。现代整体平移始于1901年，将美国依阿华大学的科学馆，以滚轴为圆木，托换为木梁，应用螺旋千斤顶进行顶升和牵引完成了平移。1983年，英国采用水平框架形式进行托换，柱根部使用专用托换装置，有的在加固中使用环氧树脂。罗马尼亚建筑平移中采用了基础分离技术，滚动装置采用滚动轮，托换支架和楼底间设置橡胶垫等。90年代，美国多项工程采用多轮平板拖车，有的平移工程还实现水陆两栖联运、大范围、远距离的异地整体平移，形式多样、多姿多彩。

灯塔平移

1999年6月美国卡罗莱纳州为了一座灯塔不再遭受海水侵蚀，决定将其移至487.7米外的地方。由于地形的原因，移动的轨迹达883.9米。这座灯塔高61米，重达4800吨。与以往的移位工程相比，这项工程设计和施工都达到了很高的水平。

哥本哈根机场候机厅平移

为了将灯塔顶起，采用了世界上最先进的液压顶升系统，为了保证此高耸结构的稳定性和承载力系统的可靠性，采用扩大钢梁作为底盘，同时采取了多项措施来避免运输中可能遭受的暴风雪的侵袭和地基的破坏。

1999 年 9 月，丹麦哥本哈根机场由于扩建需要，使用 60 台自推动多轮平板拖车将候机厅在 4 天内平移了 2500 米。该建筑物建于 1939 年，长 110 米，宽 34 米，2 层，局部 3 层，钢筋混凝土框架结构。为了保证移动的速度，采用了多种规格的自推动多轮平板拖车，在车上安装了自动化模块和电脑设备，可以自动调节同步移动、补偿沉降差和确定旋转中心。由于各拖车荷载分配与计算不一致，平移时建筑物内部出现了一些细小裂缝。

总体来讲，国外整体平移技术日臻完善，其应用范围不再局限于建筑工程中，已扩展到市政、交通、构筑物和大型设备等方面。

(2) 国内建筑平移典型案例

国内平移建筑工程中，也有很多让人惊叹的案例。安达火车站，旧址位于黑龙江省绥化市下辖的安达市铁路街。安达火车站站舍建于 1903 年，为一栋二层结构的俄式小楼，建筑面积 110 平方米，集运转、站长室、候车室于一体。远望安达整体站舍，建筑美轮美奂，平面自由伸展，形体变化丰富，采用非对称性设计，在统一布局中显露其特色。

为了给高铁让路，安达火车站站舍要拆除。尽管呼吁原址保护的愿望没有实现，但在黑龙江省文物局的坚持和国家文物局的执法考察后，终于确定了平移沿线 5 处不可破坏文物的方案。经过现场详细勘查、评估，铁路部门决定投入 2300 余万元对安达车站运转车间俄式小二楼、行包托运处等 5 处历史建筑整体

安达火车站平移中

迁移保护、利用，最大限度地保护百年文物建筑原貌不受损。有着110岁高龄的安达火车站运转车间，位于滨洲线东段。为更好地保护历史建筑原貌，施工部门将站舍平移过程分为加固、切割、顶升、找平和平移五个步骤，利用北方冬季严寒的气候条件，在平移路径采用冰面作为下滑道、加强梁下铺设钢板滚杠方式进行平移。因为当地气候寒冷且平移幅度很大，所以施工异常困难。哈尔滨工业大学土木工程学院的王凤教授说："这栋建筑物在迁移中没有按通常的做法铺设下滑道，而是在原来的地面上浇水结冰，利用冰的强度完成移动。"为了把百年保护建筑在平移过程中的损害降到最低，施工部门多方论证，制定了一套行之有效的科学方案，也为历史建筑保护积累了宝贵经验。

2013年1月14日中东铁路历史建筑安达火车站俄式小楼迁移过程正式启动。这是继2012年11月3日肇东火车站成功平移至指定地点后，黑龙江省对文物保护建筑推行整体迁移的第二个工程，也是首次国内利用北方特点冻冰浇筑下滑道，将冰面平移技术运用在建筑物移位上。安达车站的平移牵动着无数文物保护者和铁路爱好者的心，很多人闻讯赶来见证、记录安达车站的平移画面，亲历全国创新的"滑冰"平移。这一座高16.5米、重1200吨、拥有110岁高龄的俄式老建筑黑龙江省

即将平移的沈宅

滨洲铁路上的安达火车站，历经22天冰面上的缓慢滑行，终于在2013年2月4日走过了它一生中最重要的240米，整体平移到新地基上重新安家落户。这座百年火车站被建成一座博物馆。

上海外滩，有一个"让历史回归"的瞬间，吸引着世人的目光。建造于清咸丰年间的上海第一代沙船大王沈义生的老宅，在2016年6月正式启动了平移修复工程。这座老宅是继上海音乐厅、外滩天文台、宁波会馆等地标保护建筑被成功平移保护后，上海历史上第一个整体平移至外滩的民宅。这座见证了上海民族商业百年变迁的沈宅，以保护、加工、再造的方式获得新生的活力。

上海音乐厅建于1930年，距今已有80多年历史，建筑面积近4000平方米，是上海市现存为数不多的由华人建筑师设计的近代西方古典风格建筑。音乐厅内旋梯、大理石雕饰、罗马式立柱和剧场都具有一定的文物价值。因为噪音、尾气等侵蚀着这座已届高龄的近代建筑，音乐厅内的演奏效果受到影响。后来，有平移加固专业单位将此建筑平移，"音乐之旅"之后的上海音乐厅成为延安路第三期绿地中唯一的建筑。缪陆明曾表示："新的上海音乐厅将定位为纯粹的古典音

"音乐之旅"之后的上海音乐厅

"同和裕银号"老建筑平移

乐艺术表演舞台，因为在有古典西洋建筑风韵的音乐厅内演奏经典音乐是再合适不过了。"

2016年3月，为了给地铁让路，位于江苏徐州的民国时期建筑"同和裕银号"进行了平移。受地理条件的限制，该建筑无法用惯常的轨道平移，只能使用拖车运送。在两天时间里，该建筑借助3辆拖车向西北方向平移了240米，并转体180度，整个过程平稳，房屋没有出现裂纹等情况。该工程成为"徐州古建第一移"。

"同和裕银号"老建筑平移

2002 年 12 月，因济南市经十路拓宽，山东省委党校省直分校 1 号综合楼沿横向向北平移了 36 米。该建筑物原设计 5 层，一期建了 3 层，建筑面积 2300 平方米。平移时结合建筑物新址地势较低的特点，在新址处增加一层地下室。综合楼平移到位后在上部增加 3 层，这样该综合楼变为地下 1 层、地上 6 层的建筑，有效地利用了空间，提高了经济效益，并且满足了学校发展的需要。

2003 年 10 月，因济南市经十路拓宽，山东澳利集团办公楼沿横向向北平移了 6.9 米。该建筑为 8 层框架，建筑面积 5240 平方米，总重量约 6500 吨，采用柱下双梁式托换结构、滚动式平移技术。

山东省委党校省直分校 1 号综合楼平移

山东省寿光市民政局社区服务中心综合楼平移

　　山东省寿光市民政局社区服务中心综合楼，长87.6米，宽8米，3层砖混结构，建筑面积2100平方米。2004年10月，因城市规划调整，该建筑影响了银海路的拓宽，需横向整体向西平移15.9米。该建筑是山东建筑大学完成的移位工程中单体长度最长的建筑物，实现了超长建筑物移位同步控制技术的突破。

平移技术与工程实践

题记：

　　老建筑见证了时代的变迁，历经了岁月的洗礼，它们静静地矗立在城市之中，不卑不亢，与世无争。老建筑不仅仅属于一座城市、一个国家，作为一种标识符号的存在，它更是全世界全人类的宝贵的文化遗产。

1. 建筑平移背后的力量

对于老建筑，我们都应该有保护意识，也都有责任传承历史记忆。山东建大工程鉴定加固研究院不仅意识到了保护老建筑的重要性，更将意识付诸实践，将建筑平移运用到了老别墅的保护工作中，显示了雄厚的学术及技术实力。

山东建大工程鉴定加固研究院部分员工与平移的"老别墅"合影

山东建大工程鉴定加固研究院成立于1992年，通过了山东省质量技术监督局的"计量认证"。该研究院具有"工程鉴定加固"甲级、"岩土工程（设计、测试、检测、监测）"乙级资质，以及"主体结构""地基基础""见证取样"检测资质，是济南市公安消防分局指定的火灾原因检测单位。2002年，依托研究院成立了山东建固特种专业工程有限公司，拥有"特种专业工程（结构补强、建筑物纠偏和平移）""地基基础"施工资质；2003年山东省科技厅批准成立了"山东省土木结构诊断改造与抗灾工程技术研究中心"，2009年山东省科技厅批准成立了"山东省建筑结构鉴定加固与改造重点实验室"。

该研究院技术力量雄厚，人员结构合理。现有技术人员102人，70%以上具有中、高级技术职称。其中，教授6人，副教授和高级工程师23人，博士14人，国家一级注册结构工程师7人，国家注册土木工程师（岩土）5人，国家一级注册建造师6人。该团队中，张鑫教授被山东省人民政府聘为"泰山学者"特聘专家，张鑫教授为带头人的"建筑结构移位与加固改造"研究团队入选教育部2013年度"长江学者和创新团队发展计划"。

张鑫教授曾担任系主任、省重点实验室主任、省工程技术研究中心常务副主任、工程鉴定加固研究院院长，融产学研于一体，将人才培养、科学研究、技术研发、成果转化有机融合，建立了产学研一体化创新平台。他以工程问题为导向，发现和提炼科学技术问题，并组织科研人员技术攻关，将研究成果直接应用于实际，解决工程疑难问题。例如，张鑫教授创新和发展了建筑物纠倾技术，提出了建筑物纠倾掏土灌水纠倾法，揭示了掏土纠倾孔周土塑性区演化规律，提出了掏土纠倾设计方法，建立了建筑物纠倾成套技术体系，并广泛应用于实际工程中，主持完成包括国内外最高建（构）筑物纠倾在内的工程项目100余项。

该研究院已完成了几十项国家、省、部级课题，有10项科研成果获国家、省部级科技奖励，其中"建筑物移位改造工程新技术及应用"荣获2014年度国家技术发明二等奖，获发明专利授权20项，实用新型专利授权4项，主参编国家及地方标准10余部。

山东建大工程鉴定加固研究院本着"科学公正、准确可靠、技术先进、重义守约"的经营宗旨，面向社会开展服务，自1992年成立以来，完成建筑物鉴定与加固改造一万余项，包括国内外最重建筑移位工程（35000吨，24000平方米，15层）、国内最远距离移位工程（28千米）、国内外最高纠倾工程（120米高烟囱）、国内首例摇摆墙抗震加固工程等，得到社会各界的一致好评。

张鑫教授 2014 年获国家技术发明奖二等奖
（建筑物移位改造工程新技术及应用）

国家技术发明奖获得者张鑫教授

"建筑结构位移与加固改造"研究团队

"建筑物移位改造工程新技术及应用"获
教育部技术发明奖一等奖

发明专利3项,主编国家行业标
准《建(构)筑物移位工程技术规程》
(JGJ/T239-2011)

2. 山东省临沂市国家安全局办公楼迁移

2000 年 12 月 23 日，一座八层钢筋混凝土框架建筑落座在临沂市银雀山路以南。令人称奇的是，这座已经交付使用了 6 年的办公楼，是通过平移技术从临沂市人民广场规划区移位 171.4 米而来的，平移耗时 25 天，平均速度为 1.5 ~ 2.0 米 / 时。这座建筑就是仍在使用的临沂市国家安全局办公楼，是国内平移建筑技术工程的标志性建筑。

临沂市国家安全局办公楼为八层钢筋混凝土框架结构建筑，建筑面积约3500 平方米，总高 34.5 米，总重达 52240 千克，楼顶设有 1 座 35.5 米高的通讯铁塔。该建筑于 1994 年建成并交付使用，作为临沂市国家安全局办公场所，东临沂蒙路，南临银雀山路。由于地理位置和 2000 年 2 月 16 日开工建设的临沂人民广场相冲突，为不影响广场建设，也为节约投资、减少浪费，经多方论证决定采用楼房整体移位技术将该办公楼移位至银雀山路以南（广场场地以外）。平移建筑物是一项技术含量很高的技术，尽管我国的建筑物平移技术已有十几年的实践，总体来说我国的建筑平移技术和设备还比较落后，目前只局限于个例的工程实践中，还缺乏系统的成套技术和与之适应的工程设备。因此，临沂市国家安全局办公楼的平移面临着重重

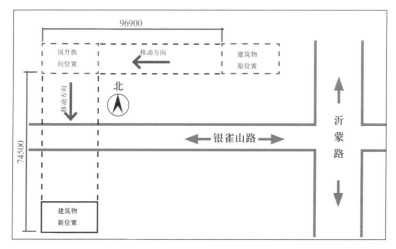

临沂市国家安全局办公楼迁移道路简图（办公楼从原位置被迁移，向西
移动至顶升换向位置，然后向南移动穿过银雀山路到达设计要求的新位置）

临沂市国家安全局办公楼原址（左）及平移过程（右）

新的难关和挑战：在此之前国内并没有高层建筑的移位工程，因此毫无先例经验可供借鉴，只能独自摸索；在施工过程中，要保证办公楼整体水电正常使用，以确保楼内工作人员正常工作；本次移位工程跨度较大，需要横向和纵向两个方向施工。

面对前所未有的挑战，平移方案设计人员付出了大量的努力。没有前例可以模仿，那就根据国外多层楼房位移经验技术，结合自己对高层建筑的特点分析，在技术方案上进行自主创新。由于周围场地所限，需要先将楼房整体向西移位 96.9 米，再向南移位 74.5 米，总移位距离为 171.4 米。在对建筑现场进行严密细致的勘察鉴定，并在楼房模型位移、顶升实验、大量位移施工及检测的总结后最终敲定方案。

临沂市国家安全局八层办公楼楼房高、平移距离长、整体平移技术复杂，对施工要求高。在施工方案论证时，每一个关键技术环节均考虑了两个以上的施工方案，做到有的放矢。在现场对施工质量进行了严格的控制，并加强了现场监测，根据监测结果的反馈信息，及时调整改进设计方案和施工方案，确保该工程的顺利进行，也为该类工程积累了丰富的实践经验。

临沂市国家安全局办公楼平移中

3. 山东省莱芜高新区管委会综合楼整体平移

2006 年 12 月,山东省莱芜市高新技术产业开发区管委会综合楼整体平移,该平移工程是当时国内外最大的平移工程。莱芜市高新区管委会综合楼位于莱芜市开发区内,为框架—剪力墙结构,由主楼和裙楼两部分组成,主楼地下 1 层、地上 15 层,裙楼地下 1 层、地上 3 层,长 72.8 米,宽 41.3 米,占地面积 2700 平方米,总建筑面积 24000 平方米,总高度 67.6 米,基础采用筏板基础,建筑物总重量为 35000 吨。该建筑物于 2004 年 11 月竣工投入使用,因其占用新规划的市政道路,莱芜市政府决定采用建筑物整体平移技术将其向西平移 72.7 米。该平移工程由山东建大工程鉴

山东省莱芜市开发区管委会综合楼（原址）

定加固研究院设计，由山东建固特种专业工程有限公司负责现场施工，2006年7月24日开工平移，12月31日平移到位。

　　该建筑物移动前的地基加固改造处理采用了柱下双梁式，共设置了82个节点，最大的节点压力为1177吨。移动方式采用液压千斤顶提供动力的滚动式平移，采用了山东建筑大学研制的专利产品。平移控制采用可编程逻辑控制器，测控系统对整个移动过程进行实时监测、自动调控建筑物的移动速度及距离，保证平移过程中的平稳性和同步性。在建筑物的一层、五层、十层及十五层分别设置加速度传感器，监测建筑物在平移前及平移施工过程中每个施工阶段的振动特性；在建筑物上设置沉降和倾斜观测点，随时监测整个建筑物的沉降和倾斜；在典型的节点上设置应力观测点，对节点应力进行实时监测。

　　对原基础处理时，由于该建筑物的原基础是筏板基础，所以平移时利用原有的基础，将纵向基础梁两侧加宽，既是对原基础进行加固，又可控制新旧基础的沉降差。根据地基承载力验算，新基础采用筏板基础即可满足要求，但其沉降量较大。为控制新旧基础的沉降差，新基础采用了筏板加防沉桩的基础形式，在主楼部分的下轨道梁即纵向基础梁下部增加了防沉桩，以减小新基础的沉降量。

山东省莱芜市开发区管委会综合楼正在平移

在上轨道及行走机构施工中，柱节点采用四边包裹式的地基加固改造处理技术。根据该工程单柱最大荷载 11770 千牛和单个滚轴平均压力不超过 300 千牛的原则，确定柱节点托换梁的最大截面尺寸为 320 毫米×2000 毫米，从柱边的最大外伸长度为 900 毫米。水平连接墙体与墙体的梁的截面尺寸为 320 毫米×800 毫米，斜撑的截面尺寸为 300 毫米×600 毫米。其框架柱、剪力墙截断的施工特点为速度快、噪音低、振动小、无粉尘。

在动力施加方面，建筑物前后分别由两台变频泵站为千斤顶提供动力。根据实时监测记录，建筑物启动时牵引力为 20500 千牛，约为建筑物总重的 1/17.5，正常行走牵引力为 10600 千牛～13000 千牛，约为建筑物总重的 1/27～1/33。速度、距离及移动动力，保证平移过程中建筑物的平稳性、同步性和安全性。该建筑物平移到位后，墙、柱用连接钢筋，将截断面上、下预埋钢筋焊接连接，上、下轨道梁之间的空隙用自密实微膨胀混凝土浇灌密实，保留柱四周的外包梁及墙下换梁，上轨道体系的其余部分切除，恢复地下室的使用功能。

山东省莱芜市开发区管委会综合楼迁移过程

山东省莱芜市开发区管委会综合楼平移前后位置图

　　该平移工程产生了显著的经济效益、社会效益和环保效益。如果该工程拆除重建，约需资金5000万元，平移比拆除节约资金3600多万元；若拆除重建，工期需两年左右，而采用建筑物整体平移技术，楼内可正常办公；拆除还将产生大量不可再生的建筑垃圾和粉尘、噪音污染。

　　该平移工程的建筑物的高度、面积和重量均创当时的世界之最。

4.济南市建筑平移典型案例

历史建筑作为一座城市不同时期最可靠的见证，承载着它建造年代的政治、经济、文化和科技诸多珍贵历史信息，记录着一座城市的沧桑岁月，具有极为重要的历史价值、人文价值和研究价值，是祖先留下的宝贵财富。我们有责任将其完整真实地传给子孙后代，这样才能使一座城市的历史绵延不绝，一座城市的文化得以继承和发展。

2003 年，济南市委提出"实现新跨越，建设新泉城"的奋斗目标，将"名城保护工程"列入"十大工程"之中，明确指出：保护好历史文化名城是济南可持续发展的基础。在历史建筑的保护与加固工作中，总结了三种行之有效的保护与加固方案：原地加固改造保护、小距离就近平移保护和大距离异地迁移保护。对于其位置与新的城市规划没有冲突的历史建筑，应当采用原地加固改造的保护方案，可最大限度地保留与恢复其历史风貌，这是最为理想的保护方案；若历史建筑与规划后的周围城市环境已不能很好地融合，就须对其采用大距离异地迁移保护方案；若历史

迁移前的"老洋行"

建筑的原位置已影响到城市规划，就必须对其进行平移保护，若经保护加固后历史建筑能与规划后的周围城市环境融合为统一整体，可对其进行小距离就近平移保护，例如老洋行平移与抗震加固工程和宏济堂平移与抗震加固工程。

（1）老洋行

济南市纬六路与经三路交叉口的西北角，有一座具有典型巴洛克风格的建筑，它就是山东丰大银行旧址，建于1919年，是商埠区保存较完整的南欧巴洛克建筑。老济南人爱把它叫作"老洋行""老银号""老洋楼"等。它就像一部活着的历史，用完美的细节讲述了一座老城市的变迁和兴旺。在之后对建筑进行平移的过程中，工作人员拨去涂在牌匾上的石灰砂浆，才发现这是"山东丰大银行"。1919年11月由曾任北洋政府总理兼交通总长的潘复等人在济南成立丰大商业储蓄银行。老洋行所折射的这些丰富历史信息，对反映济南老商埠区的历史有着重要的价值。

新中国成立后，该建筑几易其主，先后为山东省邮电器材公司、华亚电子通信器材公司等单位使用。该建筑是一座由临街两层楼房和北西两幢平房组成的院落。院落占地面积约700平方米，全院的建筑面积约600平方米，主楼建筑面积约400

"老洋行"新址

平方米。主体结构为二层砖木混合结构，局部三层（中间部位有阁楼）。墙体下石上砖，砖墙面抹灰，墙下条形基础，屋盖、楼板、楼梯皆为木结构。该建筑保存完好，是济南商埠区少见的一个有别于德国、英国、美国和日本的另样欧式建筑，有着十分重要的历史价值与艺术价值。

2005 年，由于济南纬六路的道路拓宽改造，"老洋行"曾经命悬一线。当时它面临三种命运：一是建筑拆除，为道路让路；二是异地重建；三是整体平移，实施完整保护。老洋行是济南商埠区保存较完整的代表性历史建筑之一，至今已有近百年的历史。为了既不影响道路拓宽，又能很好地保护历史建筑，经多方论证，决定将其向西平移 15 米。山东建筑大学的姜波老师和学生对该历史建筑现场进行了细致的勘测、检查与分析，山东建大工程鉴定加固研究院提出了详细、可靠的平移施工方案及平移施工过程中的保护措施，确保老洋行平移过程中的安全。该工程通过墙下双上轨道梁及钢滚轴将上部结构托换到下轨道梁上，平移后位置的新基础做好后，用多台同步液压千斤顶将老洋行牵引平移到新的位置。上轨道梁之间有斜梁连接，共同形成一个平放、水平刚度很大的桁架，可以保证平移过程中上部结构的安全。此工程的特别之处在于，平移到位后，滚轴保留在上、下轨道梁之间不再取出，与在纵横墙交接处后加的铅芯橡胶隔震支座共同形成隔震层，起到减弱地震能量的作用。

一般来说，平移或者异地重建的方法不适用于通常状况下历史建筑的保护与修复，因为这些做法很难复原建筑生存若干年的周边历史环境，从而导致某些重要历史信息被毁坏。但对于因外部自然环境变更或者难以克服的规划条件限制，历史建筑的平移保护是一种可圈可点的方法。

本着"外立面修旧如旧、室内局部更新改造"的原则，经过两年的整修，老洋行焕发出新的生机。该建筑现在用于餐饮会馆经营，同时在一些重要的节日对想了解这幢老建筑历史的游客开放，将经营与文化保护有机结合，营业收入的一部分用于该建筑的后期保护维修。整治更新后的老洋行建筑面积 1000 多平方米，共有 13 个包间，每个包间都用济南已经消失的昔日典型西洋楼的名字命名。

老洋行反映了济南 20 世纪初古城开埠时期的城市面貌，通过整体平移将其完整保留下来，对了解泉城发展历史与传承文脉有着十分重要的作用。此次平移工程是山东省首次进行的对历史建筑的平移，同时在国内首次将隔震技术应用于历史建筑保护。通过现场动力测试，证明由滚轴与铅芯橡胶隔震支座共同组成的隔震层隔震效果明显。面对日新月异的城市建设，老洋行是幸运的，没有消失在高楼大厦中，希望它以后能守望历史，再显生机。

（2）宏济堂

人们喜欢老济南，与济南的老街老巷不无关系。济南经二路到经四路附近的老商埠街散落着饱含岁月沧桑的清末民初年间的老建筑，它们像饱读诗书的老者，凝视着老济南的风雨岁月和沧桑变迁。其

平移前的宏济堂

平移之后的宏济堂改造为博物馆

中，有一座古朴高大、挂满从医济世匾额的"老字号"店铺——宏济堂。济南宏济堂和北京同仁堂本是一脉两支，同祖同宗。宏济堂药店由同仁堂第十二代传人乐镜宇先生于1907年创办。此店与北京同仁堂、天津达仁堂齐名，号称"江北三大名堂"，乃同出一门的乐氏家族企业，后米又与北京"同仁堂"、杭州"胡庆余堂"并誉为中国"三大名药店"。如今，宏济堂在旧址建起了博物馆，并成为山东首家集药材销售、传统中医验方治疗、传统明细中药养生、中医药知识普及、中医药古籍文物展示、中医药历史文化介绍于一身的综合性专题博物馆。当然，人们还能在博物馆里买到各色中药材，让老中医把把脉、开个方子，或者干脆看看抓药师抓药的场景。

济南市宏济堂经二路药店建于1920年，至今已有近90多年的历史。该建筑为两层砖木结构，墙下条形基础，由南楼、北楼组成。2008年3月，因经二路拓宽改造，同时出于保护历史建筑的需要，对该建筑实施平移保护。山东建筑大学老师和学生对宏济堂原址进行细致测绘后，加固研究院发现由于该建筑为砖木结构，且已使用多年，其结构的整体性和抗震能力较差。因此，对托换结构整体性及平移施工的稳定性要求较高，并且需要对其进行抗震加固。最终，宏济堂先向北平移11.8米，旋转3.8度，再向东平移16.6米，建筑物平移到位后，再整体升顶了0.4米。

创建于1907年的济南老字号药店宏济堂，是济南市最大最全的百年老字号中药店。宏济堂本身自然就浓缩着这么一段历史，也保存了这么一种社会生活。现在的宏济堂，一层恢复为药店店堂的布置和装饰，二层改建为济南中药历史博物馆，使宏济堂成为利用老字号原址建筑建成的专业博物馆，除了利用原宏济堂保存的专业用具、历史书籍外，还从全市范围寻找与济南中药业有关的资料，办成山东省乃至全国有影响的专业博物馆。宏济堂是传统老字号，宏济堂的医药民俗是非物质文化保护的成果，也是非物质文化的代表。对其进行积极保护和利用，对济南老店百年文化的传承和城市文化的建设都具有重要的历史意义。

建筑平移知识问答

1. 问：什么是建筑平移技术？

   答：建筑平移技术也称为建筑物整体平移，就是在不改变建筑物原有建筑外观和结构的前提下，将基础以上的建筑物进行托换加固，与原基础切割分离后，利用一定的运载系统将建筑物从原来的位置移动到指定位置，并与新建基础连接，最终将移动过的整体建筑物与新建基础合二为一的施工技术。

2. 问：为什么要进行建（构）筑平移？

   答：建（构）筑物平移的原因一般可以分为两种：一是已建建筑物与建设发展相冲突，如妨碍了城市道路的扩建或建筑空间的充分利用，而这些建筑物又有较大的使用价值或历史价值，拆除重建将产生巨大的经济损失或根本无法重建；另一种情况是由于建筑位置的空间限制或功能限制，建筑物不能在预定的位置建造，需在另外的地点建好再平移到预定的位置。

3. 问：建筑平移技术产生的背景是什么？

   答：在城市改造中，许多建造时间不长、具有很大使用价值的建筑物，因为规划冲突而不得不拆除。我国共有600多个大中型城市，每年因此造成上百亿元的损失。有一些古建筑属保护文物，拆除的损失更难以估价。为了减少损失，就不得不修改规划，给城市建设造成永久的缺憾，甚至产生新的问题。随着经济的发展，工矿企业、居民住宅区等局部小区规划同样存在这个问题。建筑物的拆除重建，还会极大地影响人民群众的生活和生产，而且会带来巨大的间接损失。因此，建筑工程界迫切需要一种新技术——建筑平移技术，来有效地保存有价值的现有建筑，又不影响城市规划的灵活性。建筑物整体平移技术的出现，很好地解决了这一难题。迁移技术具有工程造价低、工期短、对人们的工作和生活影响小、大大减轻建筑垃圾造成的环境污染等显著优点，近些年来在我国得到了迅速的发展。

4. 问：建筑物平移的分类有哪些？

   答：根据其平移距离和方向的不同，可以划分为平移（横向平移、纵向平移）、旋转、平移并旋转、远距离迁移、竖向移位（抬升或下降）和顶升纠偏几类。

5. 问：建筑平移所需的主要设备有哪些？

   答：建筑平移所需的主要设备有顶升设备、顶推或牵引设备、行走装置等。顶升设备一般用于建筑物的抬升或下降、纠偏。世界上第一座建筑整体移动使用的是蒸汽机作为牵引装置，也有的工程使用卷扬机，使用较多的是千斤顶，在河道和海上则可以使用船运输。进行建筑物平移时，使用的行走装置一般有滚轴、滑块、滑车、多轮拖车等。

6. 问：建筑平移技术多用在什么情况？

   答：该技术多用于需要改变建筑物位置的工程，在保证主体结构完整性的前提下将建筑物整体迁移到新位置，属于建筑工程领域，主要针对因城市规划、道路拓宽或社区改造需要移位的建筑物，一般情况下移动距离较短。在现实中，这种技术多数用于历史文化建筑移位保护和仍有使用价值的一般建筑，有着显著的经济效益和社会效益。

7. 问：建筑物平移时房子不会散吗？

   答：建筑物平移时，一般先在建筑物的底部做一个底盘，底盘的下部有轨道，底盘与轨道之间有行走装置，平移时拖动的是底盘，就像用车辆运输砌块，车上可以装载多层砌块，砌块只是叠摞在一起，不是一个整体，但运输过程中只要不出现剧烈颠簸或急转弯，车上的砌块是不会散落的。所以，平移对移位建筑物的整体性要求并不高，但对施工技术和控制技术要求较高，只要底盘有一定的刚度和整体性、轨道的平整度满足要求、移动速度适当且同步控制精确，任何建筑物都可以平移，因此，砌体结构、木结构、框架结构、框架—剪力墙结构的房屋都可以平移。

8. 问：建筑平移技术的原理是什么？

   答：建筑物平移是一项技术含量颇高的技术，它把建筑结构力学与岩土工程技术紧密结合起来，其基本原理与起重搬运中的重物水平移动相似。其主要的技术处理为：将建筑物在基础顶部某一水平面切断，使其与基础分离变成一个可搬动的"重物"；在建筑物切断面的上部设置托换梁，托换梁的底部有轨道梁，轨道梁与托换梁之间安装行走机构，建筑物与基础断开后和托换梁形成一个可移动体；在就位处设置新基础；在新旧基础间设置行走轨道；利用千斤顶或其他动力装置施加外力推动或牵引建筑物移动；就位后将建筑物与新基础连接，至此平移完成。其中有几项关键技术，分别为结构托换技术、分离技术、同步控制技术、就位连接技术和实时监测技术。

9. 问：建筑物平移的具体步骤有哪些？

   答：（1）加固原建筑物，使其成为可移动体。

   （2）设置新基础，除满足一般基础的设计要求外，还要能够随整体移动荷载。

   （3）安装移动轨道和滚动支座。建筑物平移时对轨道的要求较高，轨道必须水平，以减小摩阻力，能随滚动支座移动平移过程中的作用力。

   （4）设置牵引支座。牵引支座、千斤顶、钢丝绳和牵引环组成牵移建筑物的动力系统，牵引支座和千斤顶提供足够的反力才能使建筑移动，牵引支座的数量需要经过计算确定。

（5）移动行进控制。行进系统由行进标尺、移动显示指示针和终点限位装置三部分组成。

（6）行进移动过程：安装千斤顶（调整钢丝绳）──→牵移（随时安装可移动轨道和滚动支座）──→换千斤顶──→牵移──→到达新址。

（7）到位后，建筑物上部结构与基础连接。

10. 问：建筑物平移时原基础怎么处理？

　　答：建筑物平移时一般需要与原基础断开，截断的位置一般在基础顶部，截断后上部建筑物的荷载通过托换梁、行走机构传至下轨道和基础。因此，建筑物平移时其原基础一般保留在原位置。平移至新址后需要将建筑物与新基础连接。

11. 问：建筑平移技术起源于什么时候？

　　答：据资料记载，世界上第一座建筑物整体迁移工程是 1873 年位于新西兰新普利茅斯市的一所一层农宅的平移，当时使用蒸汽机车作为牵引装置。自 20 世纪 20 年代开始，建筑物的整体平移技术在国外尤其在欧美国家逐渐推广，它们对于有继续使用价值或有文物价值的建筑物都很珍爱，不惜重金运用整体平移技术将其转移到合适位置，予以重新利用和保护。同时，西方发达国家对环境保护要求较高，如果将建筑物拆除，必将产生粉尘、噪音以及大量不可再生的建筑垃圾。因此，建筑物整体平移技术在发达国家已发展到相当高的水平，并有多家专业化的工程公司。

12. 问：我国最早应用这项技术是什么时候？

　　答：我国的建筑物平移技术从 20 世纪 80 年代开始运用，最早在东北地区和湖北省武汉市应用，随后在全国各地的大规模城市建设中逐步推广。

13. 问：建筑平移技术在我国的发展现状是怎样的?

答：我国掌握建筑物移位技术较晚，大约是在 20 世纪 80 年代，但发展迅速。至目前为止，国外开展的建筑物平移数量是 30 余栋，中国是 136 栋，此项技术在中国发展日臻成熟，并使中国的建筑物平移技术在世界处于领先地位。目前世界上平移的最重的建筑物是山东建大工程鉴定加固研究所、山东建固特种专业有限公司和山东建工集团联合完成的莱芜市高新区 15 层办公大楼的平移，总建筑面积 24000 平方米，总高度 67.6 米，平移总重量达 35000 吨。据了解，目前我国的工程界科技人员还新发明了气垫液垫平移技术：将建筑物底部绕上一圈皮管，向里填充气体或液体，再通过牵引力来完成平移。这种办法，已经为沪宁铁路线上 10 多个老木桥更换了钢筋混凝土桥，整个施工时间只需 1 个半小时，这一技术已经通过了专家评审，为世界的大楼整体平移增加了新办法。

14. 问：建筑平移技术有什么意义?

答：建筑平移技术具有积极的社会意义和经济意义。拆迁而产生的不稳定社会因素和社会矛盾在国内非常突出，而充分利用建筑物平移技术，不仅不会影响民众的生活和工作秩序，并可在一定程度上避免及消除上述矛盾。中国目前每年拆除建筑物的面积上亿平方米，大量建筑物被拆除造成国家固定资产的大量流失，而平移所需的费用仅占重建的 1/3 ~ 1/6，对于有使用价值和平移条件的建筑物进行平移保护和利用，可节约大量的建筑材料和建设费用，并相应减少建筑垃圾的排放，符合国家可持续发展战略。当前我国建筑业正处于高速发展时期，许多珍贵的历史文化建筑或仍有较大使用价值的建筑物成为建筑过程中的阻碍，我们可以对建筑物进行整体平移，以达到保护和继续使用的目的。建筑平移技术是建筑行业的新技术之一，具有良好的经济效益、社会效益和环保效益，值得广泛应用。

15. 问：建筑平移亟待解决的问题有哪些？

　　答：（1）没有系统的整体平移设计理论，也没有成熟的专门设计和施工规范或规程。

　　　　（2）平移工程中的托换技术尚不成熟，亟须设计出平移工程专用的托换装置，以及提供可靠的托换设计方法。

　　　　（3）研制可重复利用的平移轨道。

　　　　（4）研制专门的同步牵引装置。

　　　　（5）就位连接构造不合理。

　　　　（6）缺少对移动过程中建筑物的受力状态的研究，包括结构振动分析和轨道的沉降分析。

　　　　（7）确定平移工程中的控制参数、监测参数及其界限值。

　　　　（8）平移工程的风险评估和就位后的抗震性能评估方法。

16. 问：历史建筑短距离平移的经典案例有哪些？

　　答：（1）上海的外滩天文台。外滩天文台是曾经的"最大建筑平移工程"。外滩天文台也叫信号台，坐落于上海中山东一路和延安东路口，是外滩最著名的建筑之一，被列入全国重点保护建筑。重量为450吨，平移时间为1993年，平移距离为24.5米。

　　　　（2）上海的四明公所。四明公所是仅存门楼的平移。随着四明公所完成历史使命，在1998年筹建中国人寿大厦时，仅存的门楼被整体平移了23米，西侧用新设计建造的屏风玻璃与邻接的人寿大厦高楼相隔离。平移时间为1998年，平移距离为23米。

　　　　（3）上海的刘长胜故居。刘长胜故居是红色革命圣地，曾进行两期平移。上海愚园路81号，是1946年至1949年刘长胜同志任中共中央上海局副书记时的居住地，也是中共中央上海局的秘密机关之一。这是一幢沿街的砖木结构楼房。重量为1200吨，平移时间为2001年。平移距离：一期移动30米，二期移动100米。

（4）上海音乐厅。上海音乐厅是平移和"长高"并行。上海音乐厅不仅挪了地方，还长了"个头"，平移后被升高了 3.38 米，音乐厅的面积则增加了 4 倍。重量为 5650 吨，平移时间为 2002 年，平移距离为 66.46 米。

（5）上海上粮一站。上粮一站漂亮"转身"，顺时针旋转 16 度。这是继上海音乐厅平移成功后，上海又一次对老建筑实施大平移。这次平移之后，还将建筑顺时针旋转 16 度，以获得更好的观赏视角。重量为 2000 多吨，平移时间为 2009 年，平移距离为 50 米。

（6）上海玉佛禅寺。玉佛禅寺是古刹的新奇迹。因建筑年代久远等原因，玉佛寺存在建筑结构安全和消防安全等多重隐患。上海玉佛禅寺消除安全隐患保护性修缮工程于 2014 年 7 月 31 日正式开工，在为期 5 年的修缮工程中，寺内的大雄宝殿将借助现代科技平移 30 米，腾出更多的公众活动空间。

建筑物整体平移技术的发展综述

张　鑫[*]

文章编号：1003-5990(2005)05-0075-07

摘　　要：建筑物整体平移技术在国内外得到了迅速发展，系统的理论研究落后于工程实践。本文介绍国内外建筑物平移技术的工程和研究进展，对该项技术的发展起到推动作用。

关 键 词：建筑物；平移；进展

中图分类号：TU746.4

文献标识码：A

Advances of building moving technology

Abstract: The technology of building moving has developed rapidly. The theoretical study lags behind the engineering practice.

The advances of building moving technology are introduced in this article, which can promote the further development of this technology.

Key words: building; moving; advance

　　*　张鑫，男，1964 年 3 月生，教授，博士，博士研究生导师，泰山学者特聘专家，教育部"建筑结构移位与加固改造"创新团队带头人，新世纪百千万人才工程国家级人选，享受国务院政府特殊津贴，山东省有突出贡献的中青年专家，济南市专业技术拔尖人才，国家技术发明二等奖（2014 年）获得者（第一位），山东省富民兴鲁劳动奖章和济南市建功立业劳动奖章获得者。

引　言

建筑物的整体平移是指在保持房屋整体性和可用性不变的前提下，将其从原址移到新址。它包括纵横向移动、转向或者移动加转向。建筑物的整体平移是一项要求较高的技术。该技术具有一定的风险，要求通过平移和转动，不仅使移位后的建筑物能满足规划和市政方面的要求，还不能对建筑物的结构造成损坏，对建筑物应当尽量给予补强和加固，同时要降低工程造价。目前我国各大中城市正在进行城市规划实施工作，大规模地进行城市改造和纠正违规建筑活动。旧城改造和纠正违规建筑活动的主要手段是强制拆除，但在规划强制拆除的建筑中有一大部分仍具有较大的使用价值，这些建筑被强制拆除给建设单位造成巨大的经济损失和大量的不可再生的建筑垃圾，拆除和安置重建工作直接影响建设单位的正常工作和居民的生活稳定，特别是一些具有人文价值的古建筑，一旦拆除，将给国家造成无法弥补的损失。建筑物整体平移技术是解决上述矛盾的有效手段。

整体平移技术在国内外有大量的工程实例，这些从事移楼工程的技术人员有着丰富的移楼工程经验，但迄今为止，许多移楼工程的设计与施工大多靠经验，理论计算比较粗糙，而且从事此项研究的科研单位很少，出现了理论落后于实践的情况。例如，牵引力的大小尚无统一的计算公式，轨道梁和上托梁的设计方法缺乏规范依据，托换构造尚不尽合理。

建筑物整体平移技术在国外已有上百年的历史，发达国家对于有继续使用价值或文物价值的建筑物都很珍爱，不惜投入重金通过移位工程将其移至合适位置予以保护。我国20世纪90年代初开始应用这项技术，目前已平移与旋转了百余例建筑物，积累了一定的工程实践经验。

建筑物整体平移技术包括以下基本内容：

（1）建造建筑物规划新址的基础及移位轨道；

（2）对原建筑物在其基础顶面进行托换改造，在承重墙（柱）下面或两侧浇注混凝土上托梁，形成钢筋混凝土托换底盘，既加强上部结构，又作为移动时的上轨道；

（3）在建筑物原基础上和沿途基础上铺设钢垫板；

（4）在钢板上设置滚动支座；

（5）将建筑物与原基础分离，分离后的建筑物底盘放置于滚动支座上；

（6）施加牵引力，将分离后的建筑物沿所设轨道整体移位至指定位置；

（7）将整体移位后的建筑物承重墙（柱）与新建基础进行可靠连接，并进行必要的加固处理；

（8）最后恢复室内外地面，并进行一定的装修。

通过大量的工程实例分析，建筑物整体平移技术有较高的经济效益和社会效益。建筑物的整体迁移造价为新建同类建筑物的30%～60%，迁移施工工期约为重建同类建筑物的1/4～1/3，特别是迁移施工过程中，建筑物二层以上的使用功能基本不受影响的特点，减少了拆迁安置工作的难度，为维持拆迁单位的正常工作和居民的生活稳定提供了极大的便利条件，由此产生的间接经济效益甚至比单纯土建造价节省更显著。此外，整体平移技术对环境保护有着非常重大的意义，建筑物拆除将产生大量的不可再利用的建筑垃圾，将对环境造成极大的污染，拆除过程中产生的大量粉尘和不可避免的噪音对环境和人本身都造成极大的危害。由此可以看出，通过整体平移技术，将仍具有使用价值的建筑物保存下来，不但可以满足城市整体规划和环境保护的需要，又可以节省大量的建设资金和搬迁安置费用，且能大幅缩短工期，减少拆迁矛盾。若该项技术在全国范围内推广使用，其效益将是难以估计的。

一、建筑物整体平移技术的工程实践

世界上第一项建筑物整体平移工程是1873年对位于新西兰新普利茅斯市的一所一层农宅的平移，当时使用蒸汽机车作为牵引装置，施工情景如图1所示[1]。

图 1 世界上第一例建筑整体平移

1.国外建筑物整体平移案例

现代整体平移技术始于20世纪初。1901年美国依阿华大学出于校园扩建，将重约60000千克、高3层的科学馆（图2）进行了整体平移，而且在移动的过程中，为了绕过另一栋楼，采用了转向技术，将其旋转了45°（图3）。该建筑物平面为26米×35米，建筑面积约3000平方米。此项移位工程采用的是圆木滚轴滚动装置，用了675个直径150毫米的圆木滚轴，用800个螺旋千斤顶将建筑物顶起，采用木梁托换，用30个螺旋千斤顶提供水平牵引力。这一技术在当时引起了土木工程界相当大的兴趣和广泛的评论。该建筑物至今仍在使用，已经经受了上百年的考验[2]。在以后近一百年的时间里，许多国家都有过移位工程的实例。1937年莫斯科市进行了多栋建筑物整体平移，仅在扩建高尔基大街时就移动了9栋大楼。1975年捷克的工程师将具有400年历史的圣母玛利亚教堂以20毫米/分的速度整体搬家

图2　依阿华大学科技馆平移

图3　依阿华大学科技馆平移时转动45°角

至 841.1 米外的莫斯特市新址。该教堂高 31 米，宽 30 米，长 60 米，总重 100000 千克，目前正以其悠久的历史和"非凡"的经历吸引着众多的世界游客[3]。80 年代初日本横滨市银行被整体搬到 170 米以外的新址，根据该市的发展计划这座有 60 多年历史的建筑不得不迁移，施工人员用 22 个油压千斤顶把 13000 千克的建筑托起，然后用滚轴方式以 2 毫米 / 秒的速度行进。这座建筑的搬迁花费了 400 万美元[4]。

80 年代初，位于英国兰开夏郡沃灵顿（Warrington）市的一所具有历史纪念意义的学校教学楼经历了整体平移。这座教学楼重约 8000 千克，为砖石结构，由于道路拓宽不得不纵向平移 15 米。建筑物托换顶起时使用了专用的托换装置，并用环氧树脂技术对建筑物进行了加固，在建筑物基础下建一个钢筋混凝土水平框架（上轨道梁），在该框架下建造另一个框架（下轨道梁）与片筏基础连为整体，并延伸至新位置，两个框架之间留有间隙放入滚轴，并涂抹润滑油，用卷扬机和钢丝绳做牵引装置，其采用的牵引装置和平移方法与国内的许多整体平移工程相似，如图 4 所示[5]。

图 4　英国一所学校古建筑平移

1983 年，在罗马尼亚首都布加勒斯特平移了两座大楼。一幢楼的总面积为 2000 平方米，五层高；另一幢由高度分别为五层和七层的建筑组成，总面积为 4000 平方米，重达 64000 千克。搬迁大楼首先横向切断基础，浇注新基础，用多个千斤顶托起大楼，在楼底铺设 32 根铁轨，装进 100 多个滚动轮。为了把震动减小到最低，在支架和楼底间放置了三层橡胶垫，搬迁时大楼所受的震动比有轨电车的震动还小。该工程用液压千斤顶移位，总推力为 4200 千克，移位速度为 1.19 米 / 时[4]。

图5 美国一所豪华别墅在运河上平移

　　1998年，美国的一所豪华别墅，建筑面积约1100平方米，从波卡拉顿长途跋涉约161千米到皮尔斯城。对建筑物进行顶升托换时用了64个150千克的千斤顶。这项移位工程的特殊之处在于这座别墅行进中必须经过一条运河，在这一段路程上采用一艘特殊的船体作为运输工具，通过调节船中的水量（4182.2升）来保证该建筑物从陆地到船上和从船上到陆地的平稳性，如图5所示[6]。该建筑物基础为混凝土桩基，桩基切断时钢筋留有足够的连接长度，以便移至新位置后的连接。

图6 舒伯特剧院平移现场

　　1999年1月25日美国明尼苏达州明尼阿波里斯（Minneapolis）市对舒伯特（Shubert）剧院（图6）进行了平移[7]。平移采用的平板拖车自身具有动力装置，在平移现场外观看不到牵引设备，令人惊叹不已，参观者络绎不绝，引发了新闻媒体的高度关注与广泛报道，平移工程取得圆满成功。为了增加其整体性，将剧院内斜地面开挖 6.1 米深，在墙下浇注了混凝土墙对建筑物进行了加固，然后填砂至地面下 1.52 米处，在此空间内设置主次钢梁托换系统（重 2270 千克），托换时用 138 个千斤顶、19 个液压泵站，分 3 个区顶起 2.44 米，置入移动平板拖车，移至指定位置后，将托换钢梁取出，建筑物落至新基础上。整个工程用了 70 台移动平板拖车，其中 20 台为自带动力的。该剧院位于市中心，交通压力很大，因此平移前制定了详细的行走路线。在经过第六大街前，先转 90°，使建筑物主立面面向 Hennepin 路。途经的 Gluek 餐厅建造在一个非常深的地下室上，结构上要求此剧

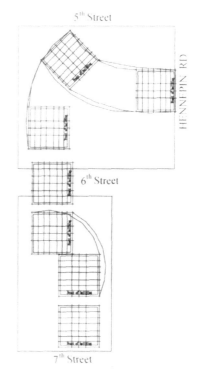

图 7　舒伯特剧院行走路线

院在移动的过程中必须与其保持一定的距离，这就必须调整拖车的方向，使其行走轨迹成一曲线形状以便绕过此餐厅。图 7 描述了此剧院的移动路线，在建筑物转向时，所有拖车的轮子均计算出了转动角度。图 8 为此剧院在穿过第六大街时的情景。

图 8　舒伯特剧院平移经过第六大街的场景

1999 年 6 月为了使位于美国卡罗莱纳州海岸的一座灯塔免于不断的海岸侵蚀，当局决定将其移至 487.69 米外的地方。由于地形的原因，移动的轨迹达 883.93 米。这座灯塔高 61 米，重达 48000 千克（图 9）。和以往的移位工程相比，这项工程无论从设计上还是从施工上都达到了很高的水平。为了将建筑物顶起，采用了世界上最大的液压顶升系统，由 100 个千斤顶将其顶高 1.52 米。为了保证此高耸结构的稳定性和承力系统的可靠性，采用扩大钢梁作为底盘。用钢梁铺成 7 条行走的下轨道，设置 14 根跨越 7 条下轨道的长滚轴（图 10），液压千斤顶提供水平牵引力，行走速度为 0.76 米 / 分，同时采取了许多措施来避免所经路途中可能遭受的暴风雪的侵袭和地基的破坏[8][9]。

图 9　灯塔平移　　　　　　　　　　　　图 10　灯塔托换结构

丹麦哥本哈根飞机场由于扩建需要将候机厅从机场一端移至另一端，经过四个月的准备工作，于 1999 年 9 月 16 ～ 19 日 4 天之内移动了 2500 米。该建筑物建于 1939 年，长 110 米，宽 34 米，二层，局部三层，钢筋混凝土框架结构。移动前，将一层内外墙体全部拆除，在一层中间高度处用水平和斜向钢结构支撑进行加固，并通过这些支撑将建筑物的荷载均匀地落在 60 台自推动多轮平板拖车上（图 11），用金刚石链条锯将框架柱在地面处切断。为了保证移动的速度，采用了多种规格的自推动多轮平板拖车，在车上安装了自动化模块和电脑设备，借此来自动调节 x 或 y 方向的同步移动以及补偿 z 方向不同路面之间的沉降差，而且能够自动确定旋转中心。由于平移时不能影响到飞机起降，整个工程在时间上进行了详细的计划，基本上都是在晚上进行的。由于各拖车荷载分

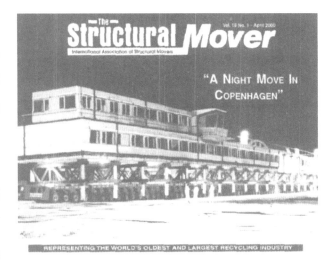

图 11　哥本哈根飞机场候机厅平移现场夜景

配与计算不一致，平移时建筑物内部出现了一些细小裂缝[10]。

　　总之，建筑物整体平移技术在发达国家已发展到相当高的水平。早期的平移工程使用千斤顶（螺旋、液压）牵引较多，有的工程也用卷扬机做牵引设备，在河道和海上使用船的工程也有若干例。目前使用最多的一种移动设备是多轮平板拖车，如图 12 所示，一般由汽车或挖掘机等做牵引设备。最近又出现了一种自身可提供动力的多轮平板拖车，并在多个工程应用中取得了理想的效果。

图 12　平移时用的拖车

2. 国内建筑物整体平移案例

近几年我国的整体平移技术得到了迅速发展，积累了许多成功的实践经验。

我国应用整体迁移技术的首例是 1992 年重庆地区某四层砖混结构（建筑面积约 2000 平方米）平移了 8 米，此工程采用了液压千斤顶钢拉杆牵引机构，并采用滚动装置[11]。

1995 年，由于道路要拓宽，河南省孟州市市政府办公大楼必须移至拓宽后道路的另一侧。此办公楼为四层砖混结构，长 65.24 米，宽 16.5 米，总高度 18.25 米，建筑面积 3585.3 平方米，建筑物总重 59743 千克。此办公楼首先从原址向北平移了 11.375 米，原地旋转，又向东平移 57 米，有效工期 6 个月，迁移总造价 140 万元，比新建建筑物节省直接投资 35%[12]。

1998 年底，我国移动的又一个规模较大的框架结构工程是广东省阳春市阳春大酒店，因国道扩建，需将其向后平移 6 米。此办公楼为七层框架结构，建筑面积 3665 平方米，重达 50000 千克。在这个工程中，采用了"钢筋混凝土包柱式梁托换结构"，通过采用托换梁与结构柱之间的新旧混凝土界面连接技术，使托换结构与原结构牢固地连接在一起并共同作用。由于对受力情况估计不足，此工程平移过程中出现了上轨道梁拉弯裂缝，以及千斤顶顶推点和轨道上滚轴压点出现局部压坏的情况，所幸问题得到及时解决，使工程得以顺利完成。

2000 年 12 月 23 日，山东省临沂市国家安全局办公大楼（图 13）进行了整体平移[13][14]。此办公楼为八层框架结构（局部九层），且建筑物顶层有一座近 35 米高的电视接收塔。长 30.20 米，宽 15.50 米，高 34.5 米，总重约 60000 千克，总面积为 3604 平方米。由于其位于临沂市规划拟建的人民广场内，市政府经过充分的调查研究，决定采用建筑物整体平移技术将其移至开通后的银雀山路南侧。经过精心设计、科学施工，成功地把办公大楼从原址向西平移 96.9 米，然后又向南移动 74.5 米，安全准确地移至规划指定位置（图 14）。此工程采用了 12 个 1000 千克同步液压千斤顶，用 ø60 实心钢辊作为滚动装置，并用钢绞线做牵引拉绳。平移共用了约 25 天，平均移动速度在 1.5 ～ 2.0 米 / 时之间，其技术复杂程度非常高，是我

图 13　山东省临沂市国家安全局办公大楼平移外观

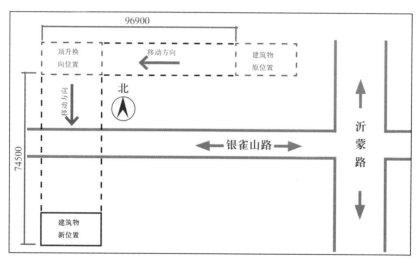

图 14　山东省临沂市国家安全局办公大楼平移平面图

国建筑物整体平移的标志性工程。针对该工程还进行了九层房屋的模型试验研究，并在施工过程中进行了详细的现场监测。

2001 年 9 月，位于南京市的江南大酒店由于华商大会的召开，向南平移了 26 米，此建筑物为七层框架结构，建筑面积为 5424 平方米，总重约 80000 千克。此工程采用 15 台液压千斤顶作为顶推系统，滚动支座采用 ø60×50 无缝钢管内灌 C60 膨胀细石高强混凝土的滚轴，间距为 140 毫米。此平移工程在就位连接时采用了一项新技术——滑移隔振技术，滑移材料为聚四氟乙烯板。通过输入四种地震波，并采用等效双线型滞回曲线进行理论分析，表明此隔震结构在多遇水平地震作用下与基础固定的结构的动力特性基本一致，在罕遇水平地震作用下具有明显的隔震效果。在移楼过程中，采用压电传感器和智能信号采集仪对全过程进行了实时监测[15][16]。

图 15　上海音乐厅斜向平移

2002 年 12 月上海音乐厅整体平移开工，2003 年 7 月平移顶升就位，并在新址增加两层地下室。上海音乐厅位于延安东路 523 号，建于 1930 年，占地面积 1254 平方米，建筑面积 3000 平方米，平移重量 58500 千克，斜向平移 66.48 米（图 15），顶升 3.38 米，其中原址顶升 1.7 米，新址顶升 1.68 米（图 16）[17]。

图 16　上海音乐厅平移就位后现场

二、建筑物整体平移技术的研究进展

我国对建筑物整体平移的研究明显落后于工程实践。近几年来，相关研究业已展开，进行了九层建筑物的模型试验研究[18]，得出了牵引力的设计公式：

$$F = KfG$$

式中：F 为牵引力；K 为安全系数，取 1.5；f 为摩擦系数，取 1/25 ～ 1/15；G 为建筑物平移重量。上式中未考虑滚轴直径和轨道涂抹润滑油等的影响，现场实测表明轨道涂抹润滑油可降低牵引力 25%。

针对框架结构，对框架柱与上轨道梁的连接和托换技术进行了试验研究，取得了一些成熟的技术成果。

对建筑物整体平移技术而言，现场监测非常重要。因此，应强调必须进行现场监测，如沉降、倾斜、裂缝、牵引力、加速度、构件应力等，并根据现场监测数据及时反馈信息，依此修改和调整设计方案和施工方案。建筑物整体平移工程施工时，轨道的平整度必须保证，目前，工程要求应控制在 1‰以内，总量控制在 5 毫米以内。

总之，我国建筑物整体平移工程越来越多，与国外相比，我国建筑物整体平移工程的规模较大，但牵引设备和自动控制技术明显落后。因此，应对该项技术进行系统的理论分析和试验研究，并研究适合我国国情的牵引设备和自动控制装备，以使该项技术沿着健康的轨道发展。

参考文献

［1］Lamar, K., Pan, D., & Stan, B. Photo from Southcombe's collection. *The Structural Mover,* 1999, 17(1)：40.

［2］Lamar, K., Pan, D., & Stan, B. University of Iowa work. *The Structural Mover,* 1999, 17(1)：11–14.

［3］张鑫, 徐向东, 郝爱华. 国外建筑平移技术的进展［J］. 工业建筑, 2002, 32(7)：1–3.

［4］唐业清. 建筑物改造与病害处理［M］. 北京：中国建筑工业出版社, 2000.

［5］Pryke, J. F. S. *The Pynford Underpinning Method*. London : IABSE, 1983.

［6］Brownie, K. From Boca Raton to Fort Pierce. *The Structural Mover*, 1999, 17(1) : 5–8.

［7］Etalco. The Shubert Theater was self–propelled. *The Structural Mover*, 1999, 17(2) : 11–15.

［8］Anders, J. The Hatteras Lighthouse. *The Structural Mover*, 2000, 18(1) : 50–55.

［9］Lewis, J. Forged master cylinder gives lighthouse a lift. *Design News*, 1999(11) : 1.

［10］Koster, G. Supermove 99 Copenhagen Airport. *The Structural Mover*, 2000, 18(1) : 24–31.

［11］姚国中，黄自新．房屋整体平移技术及模拟试验研究［J］．建筑结构，1995(11) : 53–57.

［12］张新中，解伟．建筑物整体迁移技术应用与发展［J］．建筑技术开发，1999(6) : 39–41.

［13］贾留东，张鑫，徐向东．临沂国家安全局八层办公楼整体平移设计［J］．工业建筑，2002(7) : 7–10.

［14］张鑫，贾留东．临沂国家安全局八层办公楼整体平移施工及现场监测［J］．工业建筑，2002(7) : 11– 13.

［15］卫龙武，吴二军．江南大酒店整体平移工程的关键技术［J］．建筑结构，2001(12) : 6–8.

［16］赵世峰，李爱群．江南大酒店平移工程隔震设计与地震反应分析［J］．建筑结构，2001(12) : 9–10.

［17］蓝戊己．上海音乐厅平移与顶升施工技术［J］．岩土工程界（增刊），2005(2) : 9–11.

［18］都爱华，张鑫，赵考重．建筑物整体平移技术的试验研究［J］．工业建筑，2002(7) : 4–6.

本文刊于《山东建筑工程学院学报》2005 年第 5 期

后　记

几经波折，历经辛苦，《建筑平移》终于竣稿并与广大读者见面。在一年多的时间里，编者走访了参与建筑平移工作的专家学者，在诸多社会人士与教师学生的帮助下，书稿的内容得到了极大的丰富。

这部书稿的创作主线为中国第一个建筑平移技术展馆——老别墅，对展馆的原有内容进行了全面的梳理汇编，征求了多位平移技术专家的意见和建议，走访了诸多民众与平移时进行新闻报道的记者，并从参考书籍、学术期刊、网络资料等多个途径搜集整理相关信息，几经琢磨，屡次易稿，终成其著。

现代社会发展迅速，各类新建筑拔地而起，老建筑是拆是留的矛盾更加突出。本书在介绍老别墅展馆的同时，也以老别墅为例介绍建筑的整体平移技术，希望能够引发政府及民众的关注，让更多有历史文化意义的建筑保留下来，传承我国厚重的历史文化。

将三维的老别墅展馆用二维的纸张文字呈现出来，确实是一件复杂艰辛的工作。作为编者，我们在尊重历史、尊重事实的前提下，尽最大努力用通俗易懂的语言阐述老别墅的前世今生及其平移技术，然百密一疏，在编辑过程中难免会有不足，望广大读者见谅，并给予批评指正。

感谢张鑫教授、姜波副教授为此次编写提供了大量文献，进行了悉心指导；感谢闫妍、王宗林同学提供的老别墅的资料；感谢土木工程学院的闫浩、董宪章、钟丽雯、姜怡帆、王国梁、于潇洋、白钢、王明涛等同学，他们在资料收集与整理、文字材料整理等方面做了大量的工作。此外，本书选用的部分图片，由于各种原因一时无法找到拍摄者或著作权人，特此表示感谢。

2016 年，喜迎山东建筑大学 60 周年校庆。谨以拙作，为山东建筑大学庆生。

编　者

2016 年 11 月

图书在版编目（CIP）数据

建筑平移 ：建筑平移技术展馆 ／ 贾留东，李红超
编著. —— 济南 ：山东人民出版社，2016.12
ISBN 978-7-209-10097-7

Ⅰ．①建… Ⅱ．①贾… ②李… Ⅲ．①古建筑－
整体搬迁－研究 Ⅳ．①TU746.4

中国版本图书馆CIP数据核字(2016)第259443号

建筑平移
——建筑平移技术展馆
贾留东　李红超　编著

主管部门　山东出版传媒股份有限公司
出版发行　山东人民出版社
社　　址　济南市胜利大街39号
邮　　编　250001
电　　话　总编室（0531）82098914
　　　　　市场部（0531）82098027
网　　址　http://www.sd-book.com.cn
印　　装　济南鲁艺彩印有限公司
经　　销　新华书店

规　　格　16开（185mm×248mm）
印　　张　6.75
字　　数　120千字
版　　次　2016年12月第1版
印　　次　2016年12月第1次
印　　数　1-2000
ISBN 978-7-209-10097-7
定　　价　28.00元

如有印装质量问题，请与出版社总编室联系调换。